当代青少年素质教育优秀读本

青少年科普丛书

思辨
数学真谛

宁正新／主编

中央编译出版社
CCTP Central Compilation & Translation Press

图书在版编目(CIP)数据

思辨数学真谛 / 宁正新编著. — 北京:中央编译出版社,2010.5
(青少年科普丛书)
ISBN 978-7-5117-0297-5

Ⅰ.①思… Ⅱ.①宁… Ⅲ.①数学-青少年读物 Ⅳ.①O1-49

中国版本图书馆 CIP 数据核字(2010)第 067659 号

青少年科普丛书
思辨数学真谛

出 版 人	和 龑
编　　者	宁正新
责任编辑	王丽芳
出版发行	中央编译出版社
地　　址	北京西单西斜街 36 号(100032)
电　　话	(010)66509360(总编室)　　　(010)66509246(编辑室)
	(010)66509364(发行部)　　 (010)66509618(读者服务部)
网　　址	www.cctpbook.com
经　　销	全国新华书店
印　　刷	北京建泰印刷有限公司
开　　本	787mm×1092mm　1/16
印　　张	13
字　　数	200 千字
版　　次	2010 年 5 月第 1 版第 1 次印刷
定　　价	25.80 元

本社常年法律顾问:北京建元律师事务所首席顾问律师　　　鲁哈达
凡有印装质量问题,本社负责调换,电话:010-66509618

序言 PREFACE

数学是研究现实世界的数量关系和空间形式的一门学科。数学有着无与伦比的魅力，它展现了人类最伟大的智慧，内容抽象、应用广泛；理论严谨、推理缜密；一行一数，妙不可言。

数学作为一门基础性学科，并不等同于定理的证明、公式的套用与背诵、例题的熟读及习题的操练。数学是一门富有美感的学科，它是打开神秘世界的一把"金钥匙"，它总是与科学技术的突破联系在一起，渗透于其他很多学科中，散发着迷人的魅力，它带领我们穿透自然现象，探寻科学的奥密，它推动人类文明的发展，推动科学技术的进步。数学的美无处不在，在自然科学研究方面，甚至在音乐、艺术领域也被印上数学的烙印。生活、烹调、驾车出游、赌博和救生术，无不联系着有趣的数学问题。出租汽车里的计费器是按什么标准收费的？在按了电钮以后，电梯为何慢腾腾地迟迟不来？在参加电视大赛"谁想成为百万富翁"时，最优策略是什么？创作深负众望的流行歌曲里面有没有数学道理？一根绳子究竟有多长？对于这些问题，你都可以在数学中找到答案。

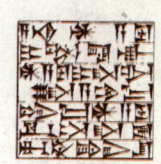

《青少年科普丛书·思辨数学真谛》以优美的文字、广博的信息和精美的插图，用娓娓道来的方式讲述着一个又一个神奇的数学知识，为大家呈现一个奇幻的数学世界，踏寻从古至今人类在数学发展中留下的足迹，从有趣的发明故事到数字体系、几何、代数、微积分、无限、统计和混沌等众多理论，全方位地了解数学的神奇。它主要分数学故事、数学猜想、数学百科三大部分。数学故事主要讲述人们对数学各分

支的创立与发展历程以及应用，如数的起源与结绳记事、黄金分割的妙用、解析几何的创立、函数的漫漫发展路等；数学猜想枚举了数学史上的重大猜想，重点讲述了数学猜想的提出、探索、争论、逐步证实的过程；数学百科介绍了数学这门科学的基础知识，有数学科学家、数学理论等……用深入浅出、生动活泼的笔触多角度、多层次地描绘数学的无穷魅力，打造数学的抽象美、协调美与精确美。

请随我们一起走进这个神奇的数学世界，在这里，有趣的故事代替枯燥的说教，漂亮的图片代替繁琐的数学公式，引领我们一起反省与讨论问题，掌握灵活巧妙的思维方法，探索科学的奇妙。

序言 ………………………………………… 1

数学故事

数的起源 ………………………………………… 2
数的发展 ………………………………………… 5
阿拉伯数字的诞生 ……………………………… 8
分数的起源 ……………………………………… 11
进位记数制 ……………………………………… 14
神奇的纵横图 …………………………………… 17
探索圆周率 π …………………………………… 20
数学符号的由来 ………………………………… 23
勾股定理的衍变 ………………………………… 26
黄金分割的妙用 ………………………………… 29
解析几何的创立 ………………………………… 32
概率论的发展 …………………………………… 35
函数的漫漫发展之路 …………………………… 38
微积分的发展历程 ……………………………… 41
复数的历史 ……………………………………… 44
代数与代数学 …………………………………… 47
奇怪的麦比乌斯圈 ……………………………… 50
"博弈论"的粗浅认知 …………………………… 53
最小的自然数和一位数 ………………………… 56
话说星期 ………………………………………… 59
出入相补原理的证明 …………………………… 62
非欧几何存在的价值 …………………………… 65
拓扑学的由来 …………………………………… 68
数理逻辑的兴起 ………………………………… 71
运筹学的运用 …………………………………… 74

 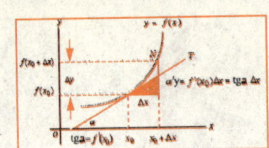 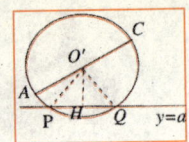 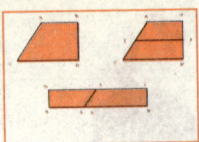

目录 CONTENTS

数学猜想

费马大定理的证明	78
庞加莱猜想	81
黎曼猜想	84
四色猜想	87
哥德巴赫猜想	90
费马数猜想	93
角谷猜想	96
不可思议的斐波那契数列	99
梅森素数	102
孪生素数猜想	105
卡迈克猜想	108
莱默猜想	111
欧拉猜想	114
柯克曼女生问题探秘	117
首位数谜解	120
回归数猜想	123
破解达·芬奇密码	126
典型的数学美	129
几何的三大难题	132
探究中国古代数学	135
数论探秘	138
玻璃杯问题与蜂窝猜想	141
模糊数学	144
希尔伯特问题	147
信息时代的组合数学	150

数学百科

勾股定理	154

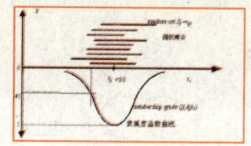 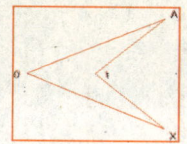 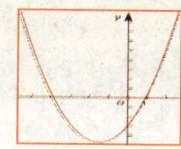 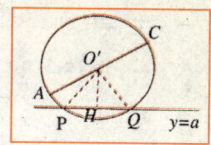

费尔马大定理 …………………………………… 154
线性代数 ………………………………………… 155
微分几何学 ……………………………………… 156
大数定律 ………………………………………… 156
笛卡尔定理 ……………………………………… 157
中心极限定理 …………………………………… 158
祖□原理 ………………………………………… 158
有限单群分类定理 ……………………………… 159
韦伯定律 ………………………………………… 160
海伦公式 ………………………………………… 161
密克定理 ………………………………………… 161
毛球定理 ………………………………………… 162
数学奖项 ………………………………………… 163
奥林匹克数学 …………………………………… 164
解析几何创立者笛卡儿 ………………………… 164
微积分的代表泰勒 ……………………………… 165
数学王子高斯 …………………………………… 166
数学界的斗士伽罗华 …………………………… 167
发现勾股定理的毕达哥拉斯 …………………… 168
几何之父欧几里德 ……………………………… 169
贡献巨大的费马 ………………………………… 170
分析学的化身欧拉 ……………………………… 171
芝诺的悖论说 …………………………………… 172
代数之父韦达 …………………………………… 173
几何创始人黎曼 ………………………………… 173
对数创造者纳皮尔 ……………………………… 174
数学家族中的伯努利 …………………………… 175
过早陨落的数学流星阿贝尔 …………………… 176
级数创始人傅立叶 ……………………………… 177

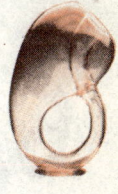

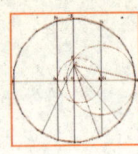
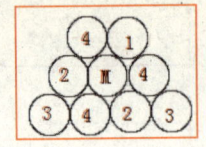

目录 CONTENTS

博学多才的数学家莱布尼茨 …………………………… 177
数学之父塞乐斯 ……………………………………… 178
数学人物柯西小传 …………………………………… 179
数学人物若尔当小传 ………………………………… 180
数学人物拉格朗日小传 ……………………………… 180
数学人物伽罗瓦小传 ………………………………… 181
数学人物凯莱小传 …………………………………… 182
"代数学之父"丢番图 ………………………………… 182
中国剩余定理创造者秦九韶 ………………………… 183
中国数学史上的牛顿——刘徽 ……………………… 184
博学多才的数学家——祖冲之 ……………………… 185
杰出数学家教育家杨辉 ……………………………… 186
杰出的数学科学家朱世杰 …………………………… 186
百科全书式数学家沈括 ……………………………… 187
为"几何"命名的科学家徐光启 ……………………… 188
完善天元术的数学家李冶 …………………………… 189
数学界的伯乐熊庆来 ………………………………… 190
中国的爱因斯坦华罗庚 ……………………………… 191
东方第一几何学家苏步青 …………………………… 192
微分几何之父陈省身 ………………………………… 192
数学机械化创始人吴文俊 …………………………… 193
哥德巴赫猜想第一人陈景润 ………………………… 194
著名数学家王元 ……………………………………… 195
著名数学家潘承洞 …………………………………… 196
著名数学家杨乐 ……………………………………… 197
著名数学家冯康 ……………………………………… 198
著名数学家丘成桐 …………………………………… 199

S 数学故事
SHU XUE GU SHI

数的起源

| 从结绳记事发展起来的数 |

人类究竟在何时和怎样才产生出数的概念的？数的产生是从离我们极其遥远的人类远古时期开始的。

远古时代，人类并没有数的概念。随着人类的进化，人类发达的大脑对客观世界开始有了理性和抽象的认识，对数也有了朦胧意识，并有了"有"、"无"、"多"、"少"的概念。比如在增添或者去掉东西时，人能够觉察到其中有所变化，会意识到是"多了"或是"少了"。这种觉察数之有无与数之多少的能力，被数学史家称为"数觉"。可以相信，早在进化的蒙昧时期，人类就已经具有这种才能了。

在漫长的生活实践中，由于记事和分配生活用品等方面的需要，古人渐渐产生了数量的概念。他们学会了在捕获一头野生动物后用一块石子、一根木头来代表；或者用在绳子上打一个大结代表一头大兽，一个小结代表一头小兽如此等等，这就是人们常说的"结绳记事"，我国古书《易经》中有"结绳而治"的记载。传说古代波斯王打仗时也常用绳子打结来计算天数。用利器在树皮上或兽皮上刻痕，或用小棍摆在地上计数也都是古人常用的办法。

数量的观念逐渐发展起来，随着捕获手段的提高，所获的野兽越多，绳子的结也越多，需要的数目越大。这种简单的方法也渐渐不能满足生活的需要，文字出现以后，人们便尝试将数以符号的形式记录下来。

数的概念最初不论在哪个地区都是从1，2，3，4……这样的自然数开始的，但是计数的符号却各不相同。

古罗马的数字相当进步，现在许多老式挂钟上还常常使用。实际上，罗马数字的符号一共只有7个 I（代表 1）、V（代表 5）、X（代表 10）、L（代表 50）、C 代表（100）、D（代表 500）、M（代表 1000）。这 7 个符号位置上不论怎样变化，它所代表的数字都是不变的。它们按照下列规律组合起来，就能表示任何数：重复次数，一个罗马数字符号重

古埃及关于数的壁画

复几次，就表示这个数的几倍，如，"I–II"表示"3"、"XXX"表示"30"；右加左减，一个代表大数字的符号右边附一个代表小数字的符号，就表示大数字加小数字，如"VI"表示"6"、"DC"表示"600"；一个代表大数字的符号左边附一个代表小数字的符号，就表示大数字减去小数字的数目，如"IV"表示"4"、"XL"表示"40"、"VD"表示"495"；上加横线，在罗马数字上加一横线，表示这个数字的1000倍。

我国古代也很重视计数符号，最古老的甲骨文和钟鼎文中都有计数的符号，不过难写难认，后人没有沿用。到春秋战国时期，生产迅速发展，为了适应这一需要，我们的祖先创造了一种十分重要的计算方法——筹算。筹算用的算筹是竹制的小棍，也有骨制的。按规定的横竖长短顺序摆好，就可用来计数和进行运算。随着筹算的普及，算筹的摆法也就成为计数的符号了。算筹摆法有横纵两式，都能表示同样的数字。从算筹数码中没有"10"这个数可以清楚地看出，筹算从一开始就严格遵循十位进制。9位以上的数就要进一位。同一个数字放在百位上就是几百，放在万位上就是几万。这样的计算法在当时是很先进的。因为在世界的其他地方真正使用十进位制时已到了公元6世纪末。但筹算数码中开始时没有"零"，遇到"零"就空位。数字中没有"零"，是很容易发生错误的。所以后来有人把铜钱摆在空位上，以免弄错。直到公元6世纪，印度人最早用黑点"·"表示零，后来逐渐变成了"0"。而在我国古代文字中，"零"字出现很早，不过那时它不表示"空无所

有"，而只表示"零碎"、"不多"的意思。如"零头"、"零星"、"零丁"。"一百零五"的意思是：在一百之外，还有一个零头五。随着阿拉数字的引进，"105"恰恰读作"一百零五"，"零"字

西方阿拉伯数字	0	1	2	3	4	5	6	7	8	9
标准阿拉伯文数字	٠	١	٢	٣	٤	٥	٦	٧	٨	٩
（梵文）数字	०	१	२	३	४	५	६	७	८	९
古吉拉特文数字	૦	૧	૨	૩	૪	૫	૬	૭	૮	૯
孟加拉文数字	০	১	২	৩	৪	৫	৬	৭	৮	৯
奥里亚文数字	୦	୧	୨	୩	୪	୫	୬	୭	୮	୯
德拉维族文数字										
泰米尔文数字	௦	௧	௨	௩	௪	௫	௬	௭	௮	௯
藏文数字	༠	༡	༢	༣	༤	༥	༦	༧	༨	༩
泰文数字	๐	๑	๒	๓	๔	๕	๖	๗	๘	๙
老挝文数字	໐	໑	໒	໓	໔	໕	໖	໗	໘	໙

不同的数字表示图

甲骨文

与"0"恰好对应,"零"也就具有了"0"的含义。

除了十进制以外,在数学萌芽的早期,还出现过五进制、二进制、三进制、七进制、八进制、十进制、十六进制、二十进制、六十进制等多种数字进制法。在长期实际生活的应用中,十进制最终占了上风。

现在世界通用的数码1、2、3、4、5、6、7、8、9、0,人们称之为阿拉伯数字,实际上它们是古代印度人最早使用的。后来阿拉伯人把古希腊的数学融进了自己的数学中去,又把这一简便易写的十进制位值计数法传遍了欧洲,逐渐演变成今天的阿拉伯数字。

数的概念、数码的写法和十进制的形成都是人类长期实践活动的结果。

数 字

数学链接 SHU XUE LIAN JIE

筹　算

筹算是中国古代使用算筹进行计算的方法。具体出现时间已不可考,但根据典籍记录和考古发现,至少在战国初年筹算已出现。它使用中国商代发明的十进制计数,可以很方便地进行四则运算以及乘方、开方等较复杂的运算,并可以对零、负数和分数作出表示与计算。

算筹数系是世界上唯一只用一个符号的方向和位置的组合,表示任何十进位数字或分数的系统。单位数字:将筹棍竖排一根棍表示1,两根棍表示2,5根棍表示5。但从6至9数字的表示,不是并排6~9根筹棍,而是采用同位五进制,即用一根筹棍代表数码5,横放在筹数1~4的上方。这已蕴涵算盘雏形。上排是筹算中1~9的竖码,下排是相应数字的横码。大于9的数字,则用十进制表示,在个位数的位置左边,放置一个筹数,代表这个筹数的十倍,在十位数位置的左边,代表百位数,如此类推。

从战国时期一直到明朝被珠算取代之前,筹算不但是中国古代进行日常计算的方法,更是中国古代数学家研究数学时常用的计算器具,是中国古代各种重要数学发明的基础,开创了中国古代以计算为中心的数学体系,区别于古希腊以逻辑推理为中心的数学体系。

数学故事

数的发展
― 数系家族成员的壮大 ―

数,是数学中的基本概念,也是人类文明的重要组成部分。数的概念的每一次扩充都标志着数学的巨大飞跃。一个时代的人们对于数的认识与应用,以及数系理论的完善程度,反映了当时数学发展的水平。今天,我们所应用的数系,已经构造的十分完备和缜密,以至于在科学技术和社会生活的一切领域中,它都成为基本的语言和不可或缺的工具。

人类在进化的蒙昧时期,就具有了一种"识数"的才能,并发明了种种计数方法。随着人类社会的进步,数的语言也在不断发展和完善。数系发展的第一个里程碑出现了——位置制记数法。所谓位置制记数法,就是运用少量的符号,通过它们不同个数的排列,以表示不同的数。引起历史学家、数学史家兴趣的是,在自然环境和社会条件影响下,不同的文明创造了迥然不同的计数方法。如巴比伦的楔形数字系统、埃及象形数字系统、希腊字母数字系统、玛雅数字系统、印度—阿拉伯数字系统和中国的算筹计数系统。

"0"作为计数法中的空位,在位置制计数的文明中是不可缺少的。早期的巴比伦楔形文字和宋代以前的中国筹算计数法,都是留出空位而没有符号。印度人起初也是用空位表示零,后来记成点号"·",最后发展为圈号。印度数码在公元8世纪传入阿拉伯国家。13世纪初,意大利的商人斐波那契编著《算经》,把包括零号在内完整的印度数码介绍到了欧洲。印度数码和10进位位置制计数法被欧洲人普遍接受后,它们在欧洲的科学和文明的进步中扮演了重要的角色。

人类第一个认识的数系,就是常说的"自然数系"。但是,随着人类认识的发展,自然数系的缺陷也就逐渐显露出来。首先,自然数系是一个离散的、而不是稠密的数系,因此,作为量的表征,它只能限于去表示一个单位量的整数倍,而无法表示它的部分。同时,作为运算的手段,在自然数系中只能施行加法和乘法,而不能自由地施行它们的逆运算。这些缺陷,由于分数和负数的出现而得

见证数字历史的证据

以弥补。有趣的是这些分数也都带有强烈的地域特征。巴比伦的分数是60进位的，埃及采用的是单分数，阿拉伯的分数更加复杂：单分数、主分数和复合分数。这种繁复的分数表示必然导致分数运算方法的繁杂，所以欧洲分数理论长期停滞不前，直到15世纪以后才逐步形成现代的分数算法。与之形成鲜明对照的是中国古代在分数理论上的卓越贡献。原始的分数概念来源于对量的分割。但是，《九章算术》中的分数是从除法运算引入的。中国古代分数理论的高明之处是它借助于"齐同术"把握住了分数算法的精髓：通分。而分数系是一个稠密的数系，它对于加、乘、除三种运算是封闭的。为了使得减法运算在数系内也通行无阻，负数的出现就是必然的了。盈余与不足、收入与支出、增加与减少是负数概念在生活中的实例。

负数虽然通过阿拉伯人的著作传到了欧洲，但16世纪和17世纪的大多数学家并不承认它们是数，或者即使承认了也并不认为它们是方程的根。如丘凯和斯蒂费尔都把负数说成是荒谬的数，是"无稽之零下"。卡丹把负数作为方程的根，但认为它们是不可能的解，仅仅是一些记号；他把负根称作是虚有的。韦达完全不要负数，巴斯卡则认为从0减去4纯粹是胡说。负数是人类第一次越过正数域的范围。在数系发展的历史进程中，现实经验有时不仅无用，反而会成为一种阻碍。

无理数的发现经历了一个漫长的过程。古希腊人把有理数视为是连续衔接的，然而，一条直线上的有理数尽管"稠密"，但是它却露出了许多"孔隙"，而且这种"孔隙"多得"不可胜数"。15世纪达·芬奇把它们称为是"无理的数"，开普勒称它们是"不可名状"的数。这些"无理"而又"不可名状"的数，虽然在后来的运算中渐渐被使用，但是它们究竟是不是实实在在的数，却一直是个困扰人的问题。中国古代数学在处理开方问题时，也不可避免地碰到无理根数。对于这种"开之不尽"的数，《九章算术》直截了当地"以面命之"予以接受，刘徽注释中的"求其微数"，实际上是用10进小数来无限逼近无理数。

17、18世纪微积分的发展几乎吸引了所有数学家的注意力，恰恰是人们对微积分基础的关注，使得实数域的连续性问题再次凸显出来。因为，微积分是建立在极限运算基础上的变量数学，而极限运算，需要一个封闭的数域。无理数正是实数域连续性的关键。法国数学家柯西给出了回答：无理数是有理数序列的极限。然而按照柯西的极限定义，所谓有理数序列的极限，指预先存在一个确定的数，使它与序列中各数的差值，当序列趋于无穷时，可以任意小。1872年，克莱因提出了著名的"埃尔朗根纲领"，维尔斯特拉斯给出了处处连续但处处不可微函数的著名例子。同时，实数的三大派理论：戴德金的"分割"理论、康托的"基本序列"理论以及维尔斯特拉斯的"有界单调序列"理论在德国出现。实数的三大派理论本质上是对无理数给出严格定义，从而建立了完备的实数域。实数域的构造成功，使得2000多年来存在于算术与几何之间的鸿沟得以完全填平，无理数不再是"无理的数"了。

复数概念的进化与无理数的认可同时进行。1545年，此时的欧洲人尚未完全理解负数、无理数，然而他们又面临一个新的"怪物"的挑战，当时人们对复数充满怀疑。直到18世纪，数学家们发现，在数学的推理中间步骤中用了复数，结果都被证明是正确的。特别是1799年，高斯关于"代数基本定理"的证明必须依赖对复数的承认，从而使复数的地位得到了近一步的巩固。1797年，挪威的韦塞尔写了一篇论文"关于方向的分析表示"，试图利用向量来表示复数，遗憾的是这篇文章的重大价值直到1897年译成法文后，才被人们重视。瑞士人阿甘达给出复数的一个稍微不同的几何解释，他注意到负数是正数的一个扩张，它是将方向和大小结合起来得出的。在澄清复数概念的工作中，爱尔兰数学家哈米尔顿是非常重要的。哈米尔顿所关心的是算术的逻辑，并不满足于几何直观。他指出：复数$a+bi$不是$2+3$意义上的一个真正的和，加号的使用是历史的偶然，而bi不能加到a上去。复数$a+bi$只不过是实数的有序数对(a,b)，并给出了有序数对的四则运算，同时，这些运算满足结合律、交换率和分配率。在这样的观点下，复数被逻辑地建立在实数的基础上。

由于科学技术发展的需要，向量、张量、矩阵、群、环、域等概念不断产生，把数学研究推向新的高峰。到目前为止，数的家庭已发展得十分庞大。

向　　量

数学中，既有大小又有方向的量叫做向量，也称矢量。一般印刷用黑体小写字母$α$、$β$、$γ$…或a、b、c…等来表示，手写用在a、b、c等字母上加一箭头表示。向量可以用有向线段来表示。有向线段的长度表示向量的大小，箭头所指的方向表示向量的方向。如用坐标表示：在平面直角坐标系中，分别取与x轴、y轴方向相同的两个单位向量i,j作为基底。a为平面直角坐标系内的任意向量，以坐标原点O为起点作向量$OP=a$。由平面向量基本定理知，有且只有一对实数(x,y)，使得$a=$向量$OP=xi+yi$，因此把实数对(x,y)叫做向量a的坐标，记作$a=(x,y)$。这就是向量a的坐标表示。其中(x,y)就是点P的坐标。向量OP称为点P的位置向量。向量的大小，也就是向量的长度（或称模），向量a的模记作$|a|$。向量的模是非负实数，可以比较大小。向量不能比较大小，对于向量来说"大于"和"小于"的概念是没有意义的。例如，"向量AB>向量CD"是没有意义的。

阿拉伯数字的诞生

印度人的发明，阿拉伯人的传播

我们通常把计算数字1、2、3、4、5、6、7、8、9、0称为"阿拉伯数字"。说起阿拉伯数字，很多人都不会陌生，可是阿拉伯数字究竟从何而来呢？它真的来自古代的阿拉伯吗？为什么它能成为世界上通用的数字符号呢？

事情要追溯到公元3世纪，印度的一位科学家巴格达发明了阿拉伯数字。7世纪时，阿拉伯人征服了周围的民族，建立了东起印度，西经非洲到西班牙的撒拉逊大帝国。后来，这个伊斯兰大帝国又分裂成东、西两个国家。当时两国的首都非常繁荣，尤其是东都巴格达，汇集了西来的希腊文化和东来的印度文化。阿拉伯人将两种文化吸收消化，从而创造了阿拉伯文化。

公元750年后，有一位印度的天文学家拜访了巴格达王宫，他带来了印度制作的天文表，并把它献给了当时的国王。印度数字1、2、3、4……以及印度

古城遗址

数学故事

式的计算方法（即我们现在用的计算法）也就是在同一时间被介绍给阿拉伯人。

最古老的计数大概至多到3，为了要设想"4"这个数字，就必须把2和2加起来，5是2加2加1，3这个数字是2加1得来的，大概较晚才出现了用手的五指表示5这个数字和用双手的十指表示10这个数字。这个原则实际也是我们计算的基础。罗马的计数只有到V（即5）的数字，X（即10）以内的数字则由V（5）和其他数字组合起来。X是两个V的组合，同一数字符号根据它与其他数字符号位置关系而具有不同的量。这样就开始有了数字位置的概念，在数学上这个重要的贡献应归于两河流域的古代居民，后来古偏人在这个基础上加以改进，并发明了表达数字的1，2，3，4，5，6，7，8，9，0十个符号，这就成为我们今天计数的基础。8世纪印度出现了有零的符号的最老刻版记录，当时称零为首那。

公元500年前后，随着经济、文化以及佛教的兴起和发展，印度次大陆西北部的旁遮普地区的数学一直处于领先地位。天文学家阿叶彼海特在简化数字方面有了新的突破：他把数字记在一个个格子里，如果第一格里有一个符号，比如是一个代表1的圆点，那么第二格里的同样圆点就表示十，而第三格里的圆点就代表一百。这样，不仅是数字符号本身，而且是它们所在的位置次序也同样拥有了重要意义。以后，印度的学者又引出了作为零的符号。可以这么说，这些符号和表示方法是今天阿拉伯数字的老祖先了。

200年后，团结在伊斯兰教下的阿

阿拉伯人

拉伯人征服了周围的民族，建立了撒拉逊帝国。大约700年前后，阿拉伯人征服了旁遮普地区，他们吃惊地发现：被征服地区的数学比他们先进。用什么方法可以将这些先进的数学也搬到阿拉伯去呢？

公元771年，印度北部的数学家被抓到了阿拉伯的巴格达，被迫给当地人传授新的数学符号和体系，以及印度式的计算方法（即我们现在用的计算法）。由于印度数字和印度计数法既简单又方便，其优点远远超过了其他的计算法，阿拉伯的学者们很愿意学习这些先进知识，商人们也乐于采用这种方法去做生意。

后来，阿拉伯人把这种数字传入西班牙。公元10世纪，又由教皇热尔贝·奥里亚克传到欧洲其他国家。公元1200年左右，欧洲的学者正式采用了这些符号和体系。13世纪时，意大利数学家斐波那契创作了《算盘书》一书。这本书对阿拉伯数字做了全面的介绍。在《算盘书》的第一部分，斐波那契首先介绍了阿拉伯数字，向人们阐述了利用它们计数的方便之处，还用了大量的例子说明。如给出了整数四则运算的方法、引入分数及其运算方法等等。正是这本书使人们认识了阿拉伯数字，并拉开了阿拉伯数字一统天下的序幕。

0、1、2、3、4、5、6、7、8、9，仔细观察这些数字就不难发现，这些数字笔画简单方便，外形容易分辨且美观，并且记忆方便。阿拉伯数字被世界所接受是离不开这些要素的。这也是天文学家埃伯大力推荐它的原因之一。

由于印度数字和印度计数法既简单又方便，它的优点远远超过其他的计数法，所以很快为阿拉伯人所接受，并广泛传播到欧洲各国。阿拉伯数字起源于印度，但却是经由阿拉伯人传向西方的，这就是它们后来被称为阿拉伯数字的原因。阿拉伯数字对人类进步起了极其重要的作用，在世界各地，阿拉伯数字有着不同的读法，但是它的用途在哪都是相同的，人们都是运用它计数、计算等等。如今，阿拉伯数字已经是世界上通用的数字符号了。

斐波那契

数学链接 SHU XUE LIAN JIE

斐波那契与《算盘书》

公元1202年，意大利斐波那契著《算盘书》，向欧洲介绍了东方数学，特别是印度——阿拉伯数码和计数法，对数学的发展起了巨大的推动作用。斐波那契，数学家，比萨人，早年在北非从师阿拉伯人学习计算，后来旅游北非和地中海沿岸的一些国家，研究各民族的计数法，发现以印度——阿拉伯数字和记数法为最佳，于是著书介绍。这部书的1228年版中还引入了著名的斐波那契问题，由它得出著名的斐波那契数列。这一数列的有关问题不仅在其后的800年中一直引起人们的兴趣，现在还在数论、运筹学甚至生物数学等中得到应用。

数学故事

分数的起源

| 因测量和均分需要而引入的数 |

分数的起源于"分"。一块土地分成三份,其中一份便是三分之一。三分之一是一种说法,用专门符号写下来便成了分数,分数的概念正是人们在处理这类问题的长期经验中形成的。在历史上,分数几乎与自然数一样古老。

早在人类文化发明的初期,由于进行测量和均分的需要,引入并使用了分数。原始社会,人们集体劳动要平均分配果实和猎物时,时常出现结果不是整数的情况,于是渐渐产生了分数。起初是使用具体的分数,如二分之一用"一半"来表示,四分之一是用"一半的一半"来表示,经过了相当长的一段时间后,才出现了诸如二分之一、三分之二等分数。我国很早就有了分数,最初用算筹表。后来印度人发明了数字,用和我国相似的方法表示分数,再往后,阿拉伯人发明了分数线(——)。到了18世纪末,又有人用斜线来表示分数,如,3/8。

在拉丁文里,分数一词源于 *frangere*,是打破、断裂的意思,因此分数也曾被人叫做是"破碎数"。在欧洲,这些"破碎数"曾经令人谈虎色变,视为畏途。7世纪时,有个数学家算出了一道8个分数相加的习题,竟被认为是干了一件了不起的大事情。在很长的一段时间里,欧洲数学家在编写算术课本时,不得不把分数的运算法则单独叙述,因为许多学生遇到分数

埃及壁画

11

后，就会心灰意懒，不愿意继续学习数学了。直到17世纪，欧洲的许多学校还不得不派最好的教师去讲授分数知识。以至到现在，德国人形容某个人陷入困境时，还常常引用一句古老的谚语，说他"掉进分数里去了"。

一些古希腊数学家干脆不承认分数，把分数叫做"整数的比"。古埃及人更奇特，他们表示分数时，一般是在自然数上面加一个小圆点。在5上面加一个小圆点，表示这个数是1/5；在7上面加一个小圆点，表示这个数是1/7。那么，要表示分数2/7怎么办呢？古埃及人把1/4和1/28摆在一起，说这就是2/7。1/4和1/28怎么能够表示2/7呢？原来，古埃及人只使用单分子分数。也就是说，他们只使用分子为1的那些分数，遇到其他的分数，都得拆成单分子分数的和。1/4和1/28都是单分子分数，它们的和正好是2/7，于是就用来表示。那时还没有加号，相加的意思要由上下文显示出来，看上去就像把1/4和1/28摆在一起表示了分数2/7。由于有了这种奇特的规定，古埃及的分数运算显得特别繁琐。例如，要计算5/7与5/21的和，首先得把这两个分数都拆成单分数，然后再把分母相同的分数加起来，由于算式中出现了一般分数，接下来又得把它们拆成单分子分数。这样一道简单的分数加法题，古埃及人算起来都这么费事，如果遇上复杂的分数运算，他们算起来又该是何等的吃力。

在西方，分数理论的发展出奇地缓慢，直到16世纪，西方的数学家们才对分数有了比较系统的认识。

中国使用分数的历史要比其他国家早一千多年，我国春秋时代的《左传》中，规定了诸侯的都城大小：最大不可超过周文王国都的三分之一，中等的不可超过五分之一，小的不可超过九分之一。秦始皇时代的历法规定：一年的天数为三百六十五又四分之一。这说明：分数在我国很早就出现了，并且用于社会生产和生活。我国现在尚能见到最早的一部数学著作《算数书》表明，早在汉朝初期，中国已经对分数运算作了深入的研究。

我国古代数学名著《九章算术》，在世界上首次系统地研究了分数。书中将分数的加法叫做"合分"，减法叫做"减分"，乘法叫做"乘分"，除法叫做"经分"，并结合大量例题，详细介绍了它们的运算法则，以及分数的通分、约分、化带分数为假分数的方法步骤。尤其令

关于分数的历史记载

12

数学故事·

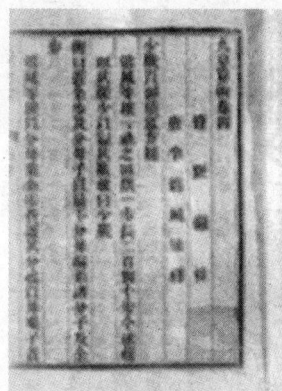

《九章算术》

中减去49，得42；从49中减去42，得7；从42中连续减去7，到第5次时得7，这时被减数与减数相等，7就是最大的公约数。用7去约分子、分母，那就得到了49/91的最简分数7/13。不难看出，现在常用的辗转相除法，正是由这种古老的方法演变而来。

公元263年，数学家刘徽注释《九章算术》时，又补充了一条法则：分数除法就是将除数的分子、分母颠倒与被除数相乘。而欧洲直到1489年，才由维特曼提出相似的法则，已比刘徽晚了1200多年。

人自豪的是，我国古代数学家发明的这些方法步骤，已与现代的方法步骤大体相同。例如："又有九十一分之四十九，问约之为几何？"书中介绍的方法是：91

数学链接 SHU XUE LIAN JIE

《九章算术》与分数四则算法

《九章算术》是流传到现在的中国古代最早的一部数学著作，是《算经十书》中最重要的一种。其作者已不可考，一般认为它是经多人增补修订而成。根据《九章算术》中可供判定年代的官名、地名等来推断，现传本《九章算术》的成书年代大约是在公元1世纪的下半叶。九章算术将书中的所有数学问题分为九大类，就是"九章"。《九章算术》全书采用问题集的形式，收有246个与生产、生活实践有联系的应用问题，其中每道题有问（题目）、答（答案）、术（解题的步骤，但没有证明），有的是一题一术，有的是多题一术或一题多术。这些问题依照性质和解法分别隶属于方田、粟米、衰(cuī)分、少广、商功、均输、盈不足、方程及勾股九章。第一章"方田"中介绍了田亩面积计算，提出了各种多边形、圆、弓形等的面积公式，以及分数的通分、约分和加减乘除四则运算的完整法则。《九章算术》中的分数四则算法比欧洲早1400多年。

进位计数制

形式各异的计数方法

数制是人们利用符号进行计数的科学方法。数制有很多种，在计算机中常用的数制有：十进制、二进制、十六进制和六十进制。数制也称计数制，是指用一组固定的符号和统一的规则来表示数值的方法。计算机是信息处理的工具，任何信息必须转换成二进制形式数据后才能由计算机进行处理，存储和传输。

世界之大，无奇不有，各国各民族之间在很多方面都有差异。比如语言上就有很大的差异。至今各国、各民族之间的对话还需要有翻译。这是因为早先各国、各民族之间少有来往造成的。而之所以很少来往则是由于交通不畅和信息闭塞造成的。以欧亚大陆和美洲大陆为例，在哥伦布发现美洲大陆以前，欧亚大陆和美洲大陆远隔大洋，千万年间互相不知道对方之存在，又怎么会说同一种语言呢！但是，人类在其发展过程中，却有一个惊人的相同，就是在计数上，几乎都不约而同地十进位。中国的度量衡，在秦以前，各个诸侯国之间并不统一。但统一的都是十进位。秦灭六国统一中国后，也统一了度量衡。度是寸、尺、丈，十寸一尺，十尺一丈。量是升、斗、石，十升一斗，十斗一石。衡是钱、两、斤，十钱一两，但过去十六两是一斤，这是一个奇怪的例外。后来有了钱币，自然也是十进位：十分一角，十角一元。

但是十进位主要还不表现在这里，而表现在：计数到十，便进一位，然后二十、三十……再到十的时候，又进一位到百。百到十，进一位到千。千到十，进一位到万。然后十万、百万、千万，始终都是十进位。以笔者所知，地球上的人类在，计数上都是十进位。

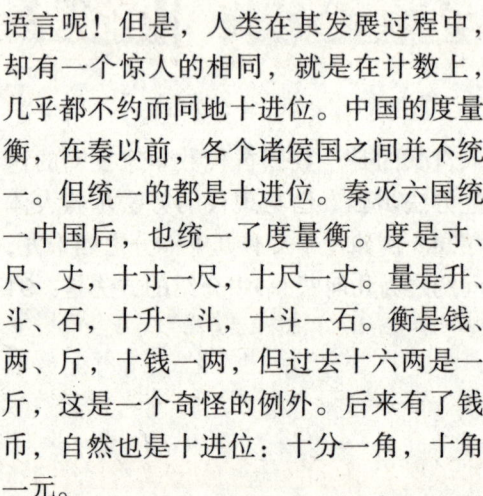

天干地支与日晷

为什么会有这种惊人的相同呢？这同人类的身体有密切的关系。对于人类，皮肤有不同，语言有不同，但相同的都是两只手，两只脚。每只手、每只脚各有五个指头。两只手伸出来则有十个指头。想来最早我们人类计数的时候，最方便的就是拿自己的两只手来比画。伸出几个指头就是几。但最多只能伸出两只手十个指头，再多就没有指头了。怎么办呢？先把这十个指头的数记下来，再重新伸指头。这样一次又一次，自然而然就以十来进位了。可以想见，如果我们人类两只手不是十个指头，而是八个或者十二个，那就会是八进位或十二进位。如果我们人类是三只手，十五个指头，则很可能就是十五进位。由于伸出一只手是五个指头，两只手是十个指头，所以"五"和"十"这两个数很被我们所重视。即以年龄为例，逢五，特别是逢十，大都会隆重地庆祝的。

中国的计数中还有一种以十二为单位的。计年中有"纪"这样一个量词，一纪是十二年。英语则有"打"，一"打"也是十二。为什么会有这种十二为单位的计数？显然同一年有十二个月这个数字有关。中国因此还有十二属相，有"子丑寅卯辰巳午未申酉戌亥"。但归根究底还是十进位。无论"纪"还是"打"，到十二便进位，10纪、20纪、10打、20打，都是到十二才进位。

不少人在学校开始学习使用量角器

2的幂	十进制数	八进制数	四进制数	二进制数
2^0	1	1	1	1
2^1	2	2	2	10
2^2	4	4	10	100
2^3	8	10	20	1000
2^4	16	20	100	10000
2^5	32	40	200	100000
2^6	64	100	1000	1000000
2^7	128	200	2000	10000000
2^8	256	400	10000	100000000
2^9	512	1000	20000	1000000000
2^{10}	1024	2000	100000	10000000000
2^{11}	2048	4000	200000	100000000000
2^{12}	4096	10000	1000000	1000000000000

进位计数制表

的时候，大概都产生过这样的疑问：圆的一周是360°，为什么会是这样呢？更怪的是，角度单位在"度"以下竟然采用的是六十进位，即1°等于60分，1分等于60秒。在历史上甚至还使用过更小的角度单位，那是将秒加以60等分的"thirds"和将"thirds"加以60等分的"fourths"。这后两种角度单位现在已经基本上不使用了。

如果以前只学习过十进制数字，在刚刚接触到满60进位的单位的时候感到别扭也是不足为怪的。事实上，测量角度也并非一定要使用六十进位制。例如子午仪（一种用来确定恒星通过当地子午线的时刻的仪器，能够测量角度）上的角度刻度，在日本、中国和美国等国家虽然使用的是度、分、秒这样的单位，但是在欧洲的一部分国家，使用的则是把一个直角划分为100个百分度那样的"百分度"单位。那么，角度单位为什么会采用六十进位制呢？这其实是源自天文学。在古代美索不达米亚文明地区，那里的天文学家通过长时间地观察天体来编制历法。他们的历法是把30天当做一个月，把12个月当做一年，因而一年有360天。

号数	1	2	3	4	5	6	7	8	9	10
0	甲子	乙丑	丙寅	丁卯	戊辰	己巳	庚午	辛未	壬申	癸酉
1	甲戌	乙亥	丙子	丁丑	戊寅	己卯	庚辰	辛巳	壬午	癸未
2	甲申	乙酉	丙戌	丁亥	戊子	己丑	庚寅	辛卯	壬辰	癸巳
3	甲午	乙未	丙申	丁酉	戊戌	己亥	庚子	辛丑	壬寅	癸卯
4	甲辰	乙巳	丙午	丁未	戊申	己酉	庚戌	辛亥	壬子	癸丑
5	甲寅	乙卯	丙辰	丁巳	戊午	己未	庚申	辛酉	壬戌	癸亥

中国的天文历法

古美索不达米亚人使用的那种历法就是将圆周划分为360°的起源。采用这种角度单位，太阳在天空移动的速度是每天前进1°，计算起来十分方便。我们知道采用六十进位的"十干十二支"，是最早出现在中国的一种计数法。即使中国现在普遍使用十进位制，但仍然还能够偶尔看到那种计数法。揣测起来，表示时间的单位"小时"、"分"和"秒"也是采用六十进位。做进一步细分，这大概是因为60正好是10（人的双手具有的手指数）和12（一年具有的月数）的最小公倍数，计算起来特别方便的缘故。例如，把一个圆周作10等分，那是很难通过几何作图来完成的任务。然而，把一个圆周作6等分或者12等分，就是非常简单的事情。在古美索不达米亚文明所使用的楔形文字中已经发现有与1到59相对应的数字。当时的美索不达米亚人不仅使用六十进位制来表示角度，也把这种进位制用于普通计算。60是2、3、4、5、6这几个数的公倍数，因此使用六十进位制进行计算，尤其是进行除法计算，会特别方便。这大概也是使用六十进位制的一个原因。角度的六十进位制可以说是古美索不达米亚文明留给我们的遗产。

数学链接 SHU XUE LIAN JIE **数学链接** SHU XUE LIAN JIE **数学链接** SHU XU

进位计数制的三个基本要素

进位计数制的三个基本要素数是数位、基数和位权。数位是指数码在一个数中所处的位置；基数是指在某种进位计数制中，每个数位上所能使用的数码的个数，例如十进位计数制中，每个数位上可以使用的数码为0、1、2、3…9十个数码，即其基数为10；位权是指一个固定值，是指在某种进位计数制中，每个数位上的数码所代表的数值的大小，等于在这个数位上的数码乘上一个固定的数值，这个固定的数值就是这种进位计数制中该数位上的位权。数码所处的位置不同，代表数的大小也不同。例如在十进位计数制中，小数点左边第一位位权为100；左边第二位位权为101；左边第三位位权为102。小数点右边第一位位权为10-1；小数点右边第二位位权为10-2 以此类推。

神奇的纵横图

| 游戏中产生的数学 |

传说在很久很久以前，黄河里跃起一匹龙马，马背上驮着一幅图；洛水里也浮出一只神龟，龟背上也驮着一幅图。这两幅图上都用圆点来表示一组数字，马背上的那幅称为"河图"，龟背上的那幅称为"洛书"（见图1）。再后来，经过人们研究，发现图中右边的那幅"洛书"，其实是一幅纵横图，即用1~9这9个数字组成一幅数字图，把它横的每行相加、竖的每列相加以及对角线相加，其和都等于15（参见图2）。我们知道，纵横图就是今天所说的"幻方"，一般地，是指把从1到10的自然数排成纵横各有 m 个数，并且使同行、同列及同一对角线上的 n 个数的和都相等的一种方阵，其中涉及的是组合数学的问题。而前面所说的"洛书"，就是我国最早的一个三阶幻方。

中国东汉末年郑玄注《易纬·乾凿度》："太乙取其数以行九宫，四正四维皆合于十五。"而得九宫数，即三阶幻方。西魏北周卢注《礼记·明堂篇》，"二九四、七、五、三、六、一、八"有法龟文之说，后周甄鸾注《数术记遗》

4	9	2
3	5	7
8	1	6

图2　纵横图

云："九宫者，二、四为肩，六、八为足，左三右七，戴九履一，五居中央。"也与龟文之说暗合。古人在龟甲或骨上用火灼出窝槽，爆见吉祥之兆，有时这种窝槽的排列有了某种特殊的意义，令人惊异，于是成为世代相传的神话。可见，九宫图由来已久。

长期以来，纵横图一直被看做是一种数字游戏。一直到南宋时期的数学家杨辉，才真正

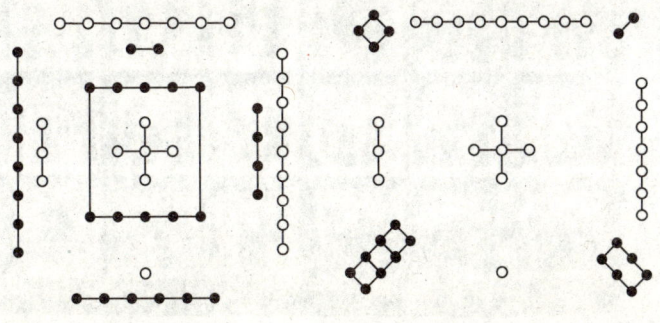

图1　河图洛书

把它作为一个数学问题而加以深入的研究。他在《续古摘奇算法》一书中,不仅搜集到了大量的各种类型的纵横图,而且对其中的部分纵横图还给出了如何构造的规则和方法,从而开创了这一组合数学研究的新领域。杨辉的《续古摘奇算法》卷首就有"纵横图"之名,其中给出了三至十阶的幻方及其变体共十三种。他给出的方形纵横图共有十三幅,它们是:洛书数(三阶幻方)一幅,四四图(四阶幻方)两幅,五五图(五阶幻方)两幅,六六图(六阶幻方)两幅,七七图(七阶幻方)两幅,六十四图(八阶幻方)两幅,九九图(九阶幻方)一幅,百子图(十阶幻方)一幅。其中还给出了"洛书数"和"四四阴图"的构造方法。如"洛书数"的构造方法为:"九子斜排,上下对易,左右相更,四维挺出。"

元代安西王府旧址(今西安市郊)曾出土至元十五年(1278)阿拉伯学者扎马鲁丁为安西王推算历法期间所制作的"东阿拉伯系统"数码的铁制六阶幻方。上海浦东陆家嘴明嘉靖陆深墓中也发现元代玉质可佩挂的四阶幻方。

明王文素《算学宝鉴》载纵横图多种。程大位《算法统宗》卷十七载纵横图14种,及清方中通《数度衍》卷首之一"九九图说"后附纵横图14种,与杨辉所著《续古摘奇算法》中所载纵横图大同小异。张潮《心斋杂俎》卷下"算法图补"增补纵横图若干种。梅成《增删算法统宗》淘汰有关河图洛书及纵横图的内容之后,纵横图存在约有一百多年。

清初,传教士传入《三三等数图》列三至十阶纵横图8种,并指出作图方法。英国人傅兰雅主编的《格致汇编》载有四阶纵横图,此即1514年度勒所刻十六字方图。欧洲研求纵横图造法始自14世纪。中国人杜亚泉(1872~1933)等从1900年起论及纵横图的造法,但多沿用西说。

电子计算机的发展又给它赋予了新的含义,目前它在组合分析、图论、人工智能等各方面都有所应用。美国计算机协会主编的CACM程序汇编中也把纵

数码的铁制六阶幻方

数学故事·

横图的编造程序收了进去。建筑学家勃拉东发现纵横图的对称性极为丰富，其中有许多美丽的图案，他把这些线条称为"魔线"，可用于轻工业品、封面包装等设计中。加拿大滑铁卢大学的一位专家发现了

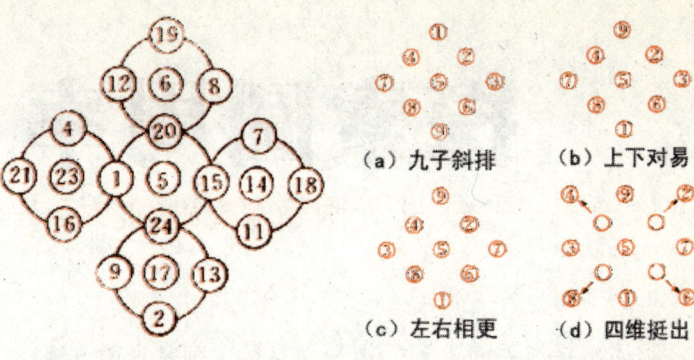

洛书图

它与"拉丁方"的内在联系，由于"拉丁方"在实验设计领域中的无比重要性，从此，纵横图就更加引起了人们的重视。国外出版的《现代代数及其应用》这本专门著作里就把纵横图列为专门题材。纵横图在古代主要属于数学游戏，但现在已经在许多实际问题上得到了应用。

目前，国际上有不少科学家正在绞尽脑汁研究它的规律。有的科学家甚至设想，如果我们的宇宙飞船飞到了一个有高级智慧生物存在的星球上，用纵横图那样的数学语言，也许可以作为媒介，沟通相互之间的思想。

数学链接 SHU XUE LIAN JIE 数学链接 SHU XUE LIAN JIE 数学链接 SHU XU

"洛书"的传说

相传在大禹治水的年代里，陕西的洛水常常大肆泛滥。洪水冲毁房舍，吞没田园，给两岸人民带来巨大的灾难。于是，每当洪水泛滥的季节来临之前，人们都抬着猪羊去河边祭河神。每一次，等人们摆好祭品，河中就会爬出一只大乌龟来。人们开始留心观察这只大乌龟。发现乌龟壳有9大块，横着数是3行，竖着数是3列，每一块乌龟壳上都有几个小点点，正好凑成从1到9的数字。可是，谁也弄不懂这些小点点究竟是什么意思。乌龟壳上的这些点点，后来被人们称作为"洛书"。大禹按照"洛书"把祖国大地划分九州，并制定治理天下的九类大法，整治了洪水，河水从此再也不泛滥了。有一年，这只大乌龟又爬上岸来，忽然，一个看热闹的小孩惊奇地叫了起来："多有趣啊，这些小点点不论是横着加，竖着加，还是斜着加，算出的结果都是15！"这个神奇的故事在我国流传极广，甚至被写进许多古代数学家的著作里。

探索圆周率 π

无限趋向精确的步伐

圆周率是指平面上圆的周长与直径之比。用希腊字母 π 表示。中国古代有圆率、周率、周等名称。

历史上曾采用过圆周率的多种近似值，早期大都是通过实验而得到的结果，如古埃及纸草书（约公元前 1700）中取 π ≈ (4/3)^4 ≈ 3.1604。第一个用科学方法寻求圆周率数值的人是阿基米德，他在大约公元前 3 世纪时的《圆的度量》中用圆内接和外切正多边形的周长确定圆周长的上下界，从正六边形开始，逐次加倍计算到正 96 边形，得到 (3+(10/71)) < π < (3+(1/7))，开创了圆周率计算的几何方法（亦称古典方法或阿基米德方法），得出精确到小数点后两位的 π 值。

中国数学家刘徽在注释《九章算术》时只用圆内接正多边形就求得 π 的近似值，也得出精确到两位小数的 π 值，他的方法被后人称为割圆术。他用割圆术一直算到圆内接正 192 边形。南北朝时代数学家祖冲之进一步得出精确到小数点后 7 位的 π 值（约 5 世纪下半叶），给出不足近似值 3.1415926 和过剩近似值 3.1415927，还得到两个近似分数值，密率 355/113 和约率 22/7。其中的密率在西方直到 1573 年才由德国人奥托得到，1625 年发表于荷兰工程师安托尼斯的著作中，欧洲称之为安托尼斯率。

阿拉伯数学家卡西在 15 世纪初求得圆周率 17 位精确小数值，打破祖冲之保持近千年的纪录。古今中外，许多人致力于圆周率的研究与计算。为了计算出圆周率的越来越好的近似值，一代代的数学家为这个神秘的数贡献了无数的时间与心血。19 世纪前，圆周率的计算进展相当缓慢，19 世纪后，计算圆周率的世界纪录频频创新。整个 19 世纪，可以说是圆周率的手工计算量最大的世纪。进入 20 世纪，随着计算机的发明，圆周率的计算更加突飞猛进。借助于超级计算机，人们已经得到了圆周率的 2061 亿位精度。

祖冲之

数学故事

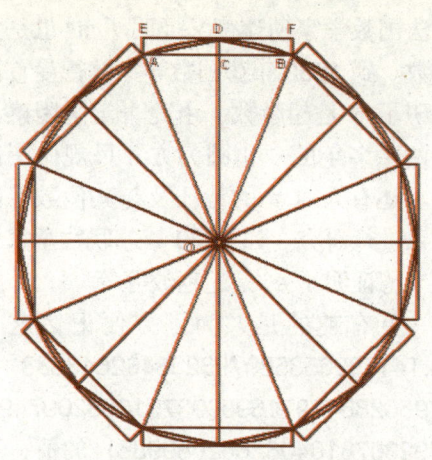

刘徽的割圆术

历史上最马拉松式的计算，其一是德国的鲁道夫·范·科伊伦，他几乎耗尽了一生的时间，计算到圆的内接正 262 边形，于 1609 年得到了圆周率的 35 位精度值，以至于圆周率在德国被称为 Ludolph 数；其二是英国的威廉·山克斯，他耗费了 15 年的光阴，在 1874 年算出了圆周率的小数点后 707 位。可惜的是，后人发现，他从第 528 位开始就算错了。

德国数学家科柯伊于 1596 年将 π 值算到 20 位小数值，后投入毕生精力，于 1609 年算到小数后 35 位数，该数值被用他的名字称为鲁道夫数。无穷乘积式、无穷连分数、无穷级数等各种 π 值表达式纷纷出现，π 值计算精度也迅速增加。1706 年英国数学家梅钦计算 π 值突破 100 位小数大关。1874 年另一位英国数学家尚可斯将 π 值计算到小数点后 707 位，可惜他的结果从 528 位起是错的。

把圆周率的数值算得这么精确，实际意义并不大。现代科技领域使用的圆周率值，有十几位已经足够了。如果用鲁道夫算出的 35 位精度的圆周率值，来计算一个能把太阳系包起来的一个圆的周长，误差还不到质子直径的百万分之一。以前的人计算圆周率，是要探究圆周率是否是循环小数。

自从 1761 年兰伯特证明了圆周率是无理数，1882 年林德曼证明了圆周率是超越数后，圆周率的神秘面纱就被揭开了。

到 1948 年英国的弗格森和美国的伦奇共同发表了 π 的 808 位小数值，成为人工计算圆周率值的最高纪录。

电子计算机的出现使 π 值计算有了突飞猛进的发展。1949 年美国马里兰州阿伯丁的军队弹道研究实验室首次用计算机计算 π 值，一下子就算到 2037 位小数，突破了千位数。1989 年美国哥伦比亚大学研究人员用克雷-2 型和 IBM-VF 型巨型电子计算机计算出 π 值小数点后 4.8 亿位数，后又继续算到小数点后 10.1 亿位数，创下新的纪录。至今，

阿基米德

探索军事天地　解码生物奥秘　纵览地球家园　见证建筑魅力　领略自然风情

鲁道夫·范·科伊伦

最新纪录是小数点后 25769.8037 亿位。

除 π 的数值计算外，它的性质探讨也吸引了众多数学家。1761 年瑞士数学家兰伯特第一个证明 π 是无理数。1794 年法国数学家勒让德又证明了 $π^2$ 也是无理数。到 1882 年德国数学家林德曼首次证明了 π 是超越数，由此否定了困惑人们两千多年的"化圆为方"尺规做图问题。还有人对 π 的特征及与其他数字的联系进行研究。如 1929 年苏联数学家格尔丰德证明了 $e^π$ 是超越数等等。

更有趣的是，为了方便记忆这个（3.14159265358979323846264338327950288419716939937510582097494459230781640628620899 86）的值，著名数学家华罗庚发明了如下口诀：山巅一寺一壶酒，尔乐苦煞吾，把酒吃，酒杀尔，杀不死，乐尔乐。死珊珊，霸占二妻。救我灵儿吧！不只要救妻，一路救三舅，救三妻。我一拎我爸，二拎舅（其实就是撕我舅耳）三拎妻。不要溜！司令溜，儿不溜！儿拎爸，久久不溜！朋友，你记住了吗？

《几何原本》

《几何原本》是古希腊数学家欧几里得所著的一部数学著作，共 13 卷。这本著作是现代数学的基础，在西方是仅次于《圣经》而流传最广的书籍。古希腊大数学家欧几里德是与他的巨著——《几何原本》一起名垂千古的。这本书是世界上最著名、最完整而且流传最广的数学著作，也是欧几里德最有价值的一部著作。在《几何原本》里，欧几里德系统地总结了古代劳动人民和学者们在实践和思考中获得的几何知识，欧几里德把人们公认的一些事实列成定义和公理，以形式逻辑的方法，用这些定义和公理来研究各种几何图形的性质，从而建立了一套从公理、定义出发，论证命题得到定理得几何学论证方法，形成了一个严密的逻辑体系——几何学。而这本书，也就成了欧式几何的奠基之作。

数学故事·

数学符号的由来

| 抽象数学的完美表达 |

在数学大家庭里，数学符号和数字同样位列其中，成为成员中不可或缺的分子之一。数学符号是人们在研究数学的过程中发明的。采用数学符号不仅是为了省事、简化，更重要的是，符号是正确地表述概念、说明方法和建立定理必不可少的。法国数学家韦达是第一个将符号引入数学的人。韦达的代数著作《分析术新论》是一部最早的符号代数著作。现在的数学符号体系主要采用的是笛卡尔使用的符号。但是数学符号的发明和使用要比数字晚，其数量却要比数字多得多。现在常用的有200多个，初中数学书里就不下20多种。它们的出现都有一段有趣的经历。

加、减、乘、除的符号，相信每个人对它们都不会陌生。因为它们是一切运算的前提。只要有运算存在，必定会有它们的出现。先说加号。加号曾经有好几种，现在通用"+"号。"+"号是由拉丁文"et"（"和"的意思）演变而来的。16世纪，意大利科学家塔塔里亚用意大利文"plù"（加的意思）的第一个字母表示加，草书为"μ"最后都变成了"+"号。再说"–"号。"–"号是从拉丁文"minus"（"减"的意思）演变来的，简写m，再省略掉字母换成符号，就成了"–"了。也有人说，卖酒的商人用"–"表示酒桶里的酒卖了多少。以后，当把新酒灌入大桶的时候，就在"–"上加一竖，意思是把原线条勾销，这样就成了个"+"号。直到15世纪，德国数学家魏德美正式确定："+"用作加号，"–"用作减号。

乘号曾经用过十几种，现在通用两种。一个是"×"，最早是英国数学家奥屈特1631年提出的；另一个是"·"，最早是英国数学家赫锐奥特首创的。德国数学家莱布尼茨认为："×"号像拉丁字

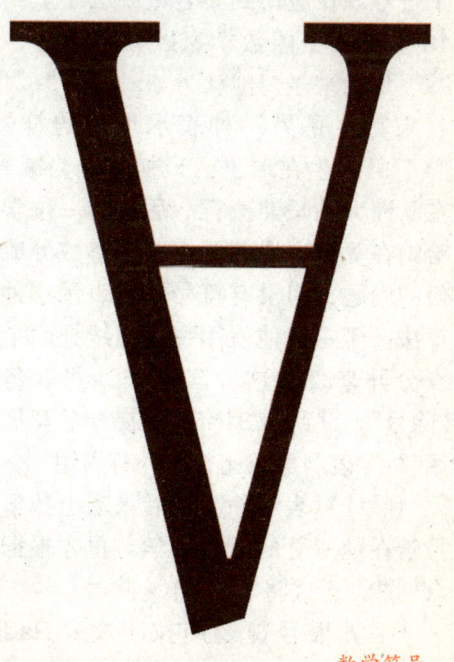

数学符号

掘起考古史实　放眼天文世界　体验化学神奇　追寻物理本质　思辨数学真谛

笛卡尔

母"x",加以反对,而赞成用"·"号。他自己还提出用"π"表示相乘,可是这个符号现在应用到集合论中去了。到了18世纪,美国数学家欧德莱确定,把"×"作为乘号。他认为"×"是"+"斜起来写,是另一种表示增加的符号。"÷"号诞生在瑞士。最初它作为减号,在欧洲大陆长期流行。后来有一位学者哈纳在算账中遇到要把一个整数分成几份的问题,但没有符号可以表示这种演算法。于是,他就用一条横线把两个圆点分开来表示这种演算法,并取名为"除号"。直到1631年英国数学家奥屈特用":"表示除或比,另外有人用"——"(除线)表示除。再后来瑞士数学家拉哈在他所著的《代数学》里才根据群众创造,正式将"÷"作为除号。

平方根号曾经用拉丁文"Radix"(根)的首尾两个字母合并起来表示,17世纪初叶,法国数学家笛卡尔在他的《几何学》中,第一次用"√"表示根号。"√"是由拉丁字线"r"变,"——"是括线。16世纪法国数学家维叶特用"="表示两个量的差别。可是英国牛津大学数学、修辞学教授列考尔德觉得:用两条平行而又相等的直线来表示两数相等是最合适不过的了,于是等于符号"="就从1540年开始使用起来。1591年,法国数学家韦达在菱形中大量使用这个符号,才逐渐为人们接受。17世纪德国莱布尼茨广泛使用了"="号,他还在几何学中用"~"表示相似,用"≅"表示全等。大于号">"和小于号"<",是1631年英国著名代数学家赫锐奥特创用。距今已有三百多年了。至于"≥"、"≤"、"≠"这三个符号的出现,是很晚很晚的事了。"<"、">"、"="真正为大家公认并普遍使用已经是18世纪的事了。括号是一种运算符号,它的作用在于表明运算的顺序。大括号"{}"和中括号"[]"则是由代数创始人之一魏治德创造的。小括号"()"是17世纪荷兰数学家吉拉特开始使用的。这些符号到18世纪才得到普遍使用。

x几乎成了未知数的代名词,传说在古代埃及,在讨论加、减法之间的关系时,其中一人就随手抓起地上一把小石子"※"表示未知数,如:300+※=800,※=800-300=500。1585年,法国数学家韦达创用大写元音字母ＡＥＩＯ等表示未知数,辅音字母ＢＧＤ等表示已知数。到了17世纪,数学家笛卡尔对韦达的字母作了改进,他用字母表中最前面的字母表示已知数,最后面的三个

24

字母 x、y、z 表示未知数。从此，x、y、z 也就被广泛使用了。任意号来源于英语中的 any 一词，因为小写和大写均容易造成混淆，故将其单词首字母大写后倒置。

数学符号的使用是数学史上的一个重大进展，它使高度抽象的数学材料有了合适的表达形式，即数学语言。回首近几个世纪科学的突飞猛进，我们还真得感谢那些数学符号的创造者。

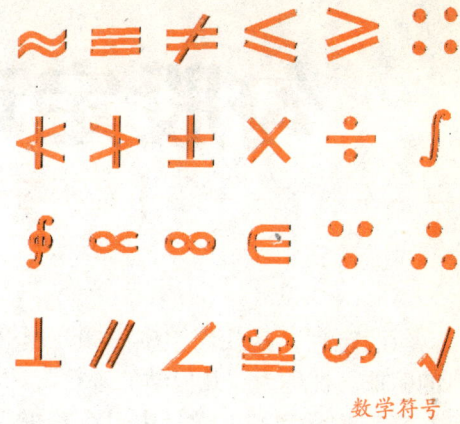

数学符号

数学链接 SHU XUE LIAN JIE

数学符号的功能

英国学者 R. 斯坎普开列了数学符号的十种功能：

(1) 传递；
(2) 记录知识；
(3) 形成新的概念；
(4) 简化复杂纷繁的分类系统；
(5) 解释；
(6) 使反思活动成为可能；
(7) 揭示结构；
(8) 使操作程序自动化；
(9) 信息的恢复与理解；
(10) 进行创造性的思考。

勾股定理的衍变

证明勾三股四弦五

勾股定理，是几何学中一颗光彩夺目的明珠，被称为"几何学的基石"，而且在高等数学和其他学科中也有着极为广泛的应用。正因为这样，世界上几个文明古国都已发现并且进行了广泛深入的研究。

人们对勾股定理的认识是一个循序渐进的过程。在现存的历史文献中，有很多关于勾股定理的记载。早在公元前15世纪，古埃及人就发现了这个玄妙的定理，这也是目前被认为是人类对"勾三股四弦五"的最早的发现。中国古代的数学家们也对勾股定理做过阐述。我国最早的一部数学著作《周髀算经》就是以勾股定理作为本书的开始的，公元前11世纪，周公与数学家商高在一起探讨直角三角形的问题时有过这样一段对话，周公问："我听说您对数学非常精通，我想请教一下。世界上不存在能上得了天的梯子，我们也没办法用尺子去一段一段地丈量每一寸土地，那么请问我们怎么样才能知道天和地离的有多远呢？"商高回答说："数的产生来源于对方和圆这些形体的认识。其中有一条原理：当直角三角形'矩'得到的一条直角边'勾'等于3，另一条直角边'股'等于4的时候，那么它的斜边'弦'就必定是5。这个原理是大禹在治水的时候就总结出来的啊。"

古希腊数学家毕达哥拉斯是最早证明这个定理的人。关于他是如何证明这个定理的现在已经无从进行考证了。我国古代也有数学家曾经尝试过来证明它，三国时期吴国的数学家赵爽就取得了重大收获，并由此开创了中国数形统一的先例。

1876年一个周末的傍晚，在美国首都华盛顿的郊外，有一位中年人正在散步，欣赏黄昏的美景，他

伽菲尔德

数学故事·成长必读

就是当时美国俄亥俄州共和党议员伽菲尔德。他走着走着，突然发现附近的一个小石凳上，有两个小孩正在聚精会神地谈论着什么，时而大声争论，时而小声探讨。由于好奇心的驱使，伽菲尔德循声向两个小孩走去，想搞清楚两个小孩到底在干什么。只见一个小男孩正俯着身子用树枝在地上画着一个直角三角形。于是伽菲尔德便问他们在干什么？那个小男孩头也不抬地说："请问先生，如果直角三角形的两条直角边分别为3和4，那么斜边长为多少呢？"伽菲尔德答道："是5呀。"小男孩又问道："如果两条直角边分别为5和7，那么这个直角三角形的斜边长又是多少？"伽菲尔德不假思索地回答到："那斜边的平方一定等于5的平方加上7的平方。"小男孩说："先生，你能说出其中的道理吗？"伽菲尔德一时语塞，无法解释了，心里很不是滋味。伽菲尔德不再散步，立即回家，潜心探讨小男孩给他出的难题。他经过反复思考与演算，终于弄清了其中的道理，并给出了简洁的证明方法。

现在人们已经有了400多种方法来证明这个定理。我们姑且见识一下其中的一种方法。即利用相似三角形证明。有许多勾股定理的证明方式，都是基于相似三角形中两边长的比例。

设三角形ABC为一直角三角形，直角为∠C。从点C画三角形的高，并将

毕达哥拉斯

此高与AB的交叉点称之为H。此新三角形ACH和原本的三角形ABC相似，因为在两个三角形中都有一个直角（这又是由于"高"的定义），而两个三角形都有A这个共同角，由此可知这三个角都是相等的。同样道理，△CBH和△ABC也是相似的。这些相似关系衍生出以下的比率关系：

因为$BC=a$，$AC=b$，$AB=c$

所以$a/c=HB/a$，$b/c=AH/b$

可以写成$a \times a = c \times HB$，$b \times b = c \times AH$

综合这两个方程式，我们得到$a \times a + b \times b = c \times HB + c \times AH = c \times (HB+AH) = c \times c$

换句话说:$a \times a + b \times b = c \times c$

勾股定理是几何学中的明珠，它充

满魅力，千百年来，人们对它的证明趋之若鹜，其中有著名的数学家、画家，也有业余数学爱好者，有普通的老百姓，也有尊贵的政要权贵，甚至有国家总统。也许是因为勾股定理既重要又简单又实用，更容易吸引人，才使它成百次地反复被人炒作，反复被人论证。另外，勾股定理在数学的发展中起着重要的作用，它可以解决许多日常生活中的应用问题，在现实世界中有着广泛的应用。古代多应用于工程，例如修建房屋、修井、造车等等。现在在农村房屋的屋顶构造上，设计工程图纸上，或是在求与圆、三角形有关的数据时，多数都可以用勾股定理。物理上也有广泛应用，例如求几个力，或者物体的合速度，运动方向……

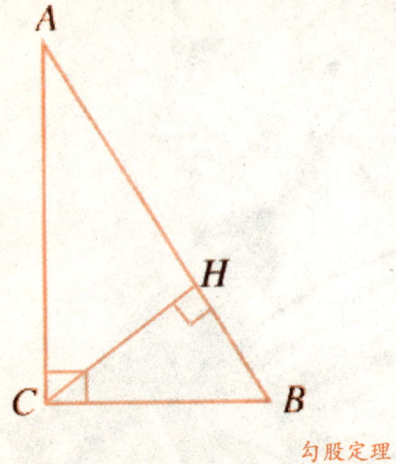

勾股定理

数学链接 SHU XUE LIAN JIE　**数学链接** SHU XUE LIAN JIE　**数学链接** SHU XU

数形结合

　　数形结合是学习数学的一种重要的思想方法，它使数与形达成了完美的统一。数形结合：就是通过数与形之间的对应和转化来解决数学问题，它包含以形助数和以数解形两个方面。利用它可使复杂问题简单化，抽象问题具体化，它兼有数的严谨与形的直观之长，是优化解题过程的重要途径之一，是一种基本的数学方法。"数"和"形"是数学中两个最基本的概念，它们既是对立的，又是统一的，每一个几何图形中都蕴涵着与它们的形状，大小，位置密切相关的数量关系；反之，数量关系又常常可以通过几何图形做出直观地反映和描述。数形结合的实质就是将抽象的数学语言与直观的图形结合起来，使抽象思维和形象思维结合起来，在解决代数问题时，想到它的图形，从而启发思维，找到解题之路；或者在研究图形时，利用代数的性质，解决几何的问题。实现抽象概念与具体形象的联系和转化，化难为易，化抽象为直观。

黄金分割的妙用

自然界最美的体现

黄金分割是一种数学上的比例关系。黄金分割具有严格的比例性、艺术性、和谐性，蕴藏着丰富的美学价值。应用时一般取 0.618，就像圆周率在应用时取 3.14 一样。把一条线段分割为两部分，使其中一部分与全长之比等于另一部分与这部分之比。其比值是一个无理数，用分数表示为 $(\sqrt{5}-1)/2$，取其前三位数字的近似值是 0.618。由于按此比例设计的造型十分美丽，因此称为黄金分割，也称为中外比。这是一个十分有趣的数字，我们以 0.618 来近似表示，通过简单的计算就可以发现：$(1-0.618)/0.618=0.6$ 一条线段上有两个黄金分割点。

公元前 6 世纪古希腊的毕达哥拉斯学派研究过正五边形和正十边形的作图，由此掌握了黄金分割。公元前 4 世纪，古希腊数学家欧多克索斯第一个系统研究了这一问题，并建立起比例理论。他认为所谓黄金分割，指的是把长为 L 的线段分为两部分，使其中一部分对于全部之比，等于另一部分对于该部分之比。而计算黄金分割最简单的方法，是计算斐波那契数列 1，1，2，3，5，8，13，21，…后二数之比 2/3，3/5，4/8，8/13，13/21，…近似值的。黄金分割在文艺复兴前后，经过阿拉伯人传入欧洲，受到了欧洲人的欢迎，他们称之为"金法"，17 世纪欧洲的一位数学家，甚至称它为"各种算法中最可宝贵的算法"。这种算法在印度称之为"三率法"或"三数法则"，也就是我们现在常说的比例方法。公元前 300 年前后欧几里得撰写《几何原本》时吸收了欧多克索斯的研究成果，进一步系统论述了黄金分割，成为最早的有关黄金分割的论著。中世纪后，黄金分割被披上神秘的外衣，意大利数学家帕乔利称中外比为神圣比例，并专门为此著书立说。德国天文学家开普勒称黄金分割为神圣分割。其实有关"黄金分割"，我国也有记载。虽然没有古希腊的早，但它是我国古代数学家独立创造的，后来传入了印度。经考证，欧洲的比例算法是源于我国而经过印度由阿拉伯传入欧洲的，而不是直接从古希腊传入的。到 19 世纪黄金分割这一名称才逐渐通行。这个被后人奉为科学和美学的金科玉律的黄金分割率，其作用不仅仅

埃及金字塔建造中使用黄金分割

体现在诸如绘画、雕塑、音乐、建筑等艺术领域，而且在管理、工程设计等方面也有着不可忽视的作用。人们认为如果符合这一比例的话，就会显得更美、更好看、更协调。

一个很能说明问题的例子是五角星或正五边形。五角星是非常美丽的，我们的国旗上就有五颗，还有不少国家的国旗也用五角星，这是为什么？因为在五角星中可以找到的所有线段之间的长度关系都是符合黄金分割比的。正五边形对角线连满后出现的所有三角形，都是黄金分割三角形。由于五角星的顶角是36°，这样也可以得出黄金分割的数值为$2\sin 18°$。

古希腊人发现，将一线段的长度作为单位，在距离一端的0.618处将直线分成两部分，用这样比例的线组成的长方形，看上去最匀称，视觉效果最好。因此，0.618被称为黄金分割律，被广泛地应用在造型、工艺及装饰上。

黄金分割律是一个自然法则，人类要健康长寿，膳食结构要回归自然，也应遵循黄金分割律。人类的消化道总长9米，其0.618处为5.5米，正是小肠的长度，恰合黄金分割率。而营养物质的消化吸收，就在小肠进行。这一特点，适合以素食为主的混合膳食结构，素食应占食物总量的0.618。在一些发达国家的膳食组成中，以动物性食物为主，将黄金分割颠倒了，导致心血管疾病、糖尿病、肥胖症等"文明病"发病率上升。

人体生理活动所需要的热能，由食物中的碳水化合物、蛋白质和脂肪来供给，这三者应有一合适的比例。对健康最有利的是碳水化合物供热应占到0.618，主要就是谷物中的淀粉，因此要以谷物为主食。蛋白质是最重要的营养物质，它由20个氨基酸组成，人体在合成自身蛋白质时，20个的0.618，即12个氨基酸能由机体自身细胞生产，只有另外8个氨基酸要由食物来供给。这8个氨基酸含有的丰富的蛋白质称为优质蛋白质，如动物性食物和豆类。膳食结构中，优质蛋白质应占总蛋白质的0.618，才能保证机体的正常新陈代谢，又恰合黄金分割率。对处于生长发育阶段的青少年，更应注意到这一点。

植物油脂和动物油脂来源不同，其组成的脂肪酸也不一样，但对人体都有相应的生理功能，偏食某一种油脂都对健康不利。但最科学的是植物油与动物脂肪的食用量比例符合黄金分割：0.618比0.382。组成人体含量最多的物质是水，成年人水分占体重的0.618。而人体一天损失的水分达2500毫升，其0.618为1500毫升，为膳食供给的水和人体合成的代谢水，余下占0.382的1000毫升水则应由饮料来补充，才能保持水平衡。

日常膳食中的米、面、肉、蛋、油、糖、酒都属于酸性食物，食用后使体液偏向酸性，形成酸性体质，属于亚健康状态，容易患病。应该多吃些碱性食品来中和调节，呈碱性的食物有海藻、食用菌、蔬菜、水果和牛奶，消费量应超过呈酸性食物，两者比例最好也是0.618:0.382。

在生活中，对"黄金分割"有着很多的应用。最完美的人体：肚脐到脚底的距离/头顶到脚底的距离=0.618；最漂亮的脸庞：眉毛到脖子的距离/头顶到脖子的距离=0.618，做馒头时放的发酵粉的量与面粉的比值是0.618那做的馒头最好吃。

数学故事·

在冷兵器时代，虽然人们还根本不知道黄金分割率这个概念，但人们在制造宝剑、大刀、长矛等武器时，黄金分割率的法则却早已处处体现了出来，因为按这样的比例制造出来的兵器，用起来会更加得心应手。当发射子弹的步枪刚刚制造出来的时候，它的枪把和枪身的长度比例很不科学合理，很不方便于抓握和瞄准。到了1918年，一个名叫阿尔文·约克的美远征军下士，对这种步枪进行了改造，改进后的枪型枪身和枪把的比例恰恰符合0.618的比例。实际上，从锋利的马刀刃口的弧度，到子弹、炮弹、弹道导弹沿弹道飞行的顶点；从飞机进入俯冲轰炸状态的最佳投弹高度和角度，到坦克外壳设计时的最佳避弹坡度，我们也都能很容易地发现黄金分割率无处不在。在大炮射击中，如果某种间瞄火炮的最大射程为12公里，最小射程为4公里，则其最佳射击距离在9公里左右，为最大射程的2/3，与0.618十分接近。在进行战斗部署时，如果是进

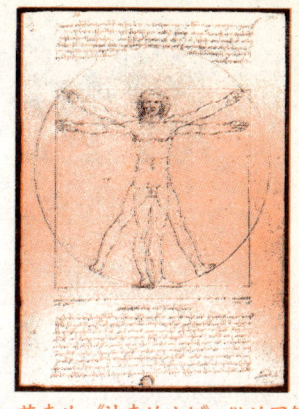

达·芬奇为《神奇的比例》做的图解

攻战斗，大炮阵地的配置位置一般距离己方前沿为1/3倍最大射程处，如果是防御战斗，则大炮阵地应配置距己方前沿2/3倍最大射程处。

黄金分割点总能带给我们无限的惊喜与迷惑，这也正是它的魅力所在。它无处不在，却又让人难以琢磨。黄金分割点的存在似乎是个极大的巧合，它总是出现在意想不到却又至关重要的位置，它的存在又为大自然增添了一抹神秘而又令人诧异的色彩。

数学链接 SHU XUE LIAN JIE **数学链接** SHU XUE LIAN JIE **数学链接** SHU XU

黄金比例与人体

"黄金比例"0.618是一个美的数字，与人体也密不可分。人四肢上肢与前肢的比，身高与肚脐到腿之间距离的比，甚至手指每一节骨头与后面一节骨头的比，都接近黄金数0.618。芭蕾舞演员踮起脚尖跳舞，就是为了让身体的比例更接近黄金分割。在身体中，肚脐以下的长度与身高之比接近0.618。需要特别一提的是肚脐，它不但位居身体的"黄金点"，而且还可以称之为医疗效果的"黄金点"。许多名医就是用中草药制成"兜肚"，在肚脐上贴药来治疗某些疾病的。对于人来说，最感到舒适惬意的气温大约为22℃~24℃，它是正常体温37℃的黄金比例（37×0.618=23），在这种环境温度下，人体的新陈代谢、生活节奏、生理机能均处于最佳的状态。

解析几何的创立

── 任何理论的产生都不是偶然 ──

什么是解析几何？在数学上"解析"就是代数的同义词。把代数与几何融为一体就被称为解析几何。

解析几何是进行科学研究的重要的数学工具。比如说，要确定船只在大海中航行的位置，就要确立经纬度，这就需要精确地掌握天体运行的规律；要改善枪炮的性能，就要精确地掌握抛射物体的运行规律。解决这些问题必须采用解析几何。因为它可以利用字母表示流动坐标，用方程刻画一般平面的曲线。解析几何的发明人就是伟大的数学家笛卡尔。

在解析几何中，首先是建立坐标系。取定两条相互垂直的、具有一定方向和度量单位的直线，叫做平面上的一个直角坐标系 XOY。利用坐标系可以把平面内的点和一对实数 (x, y) 建立起一一对应的关系。除了直角坐标系外，还有斜坐标系、极坐标系、空间直角坐标系等等。在空间坐标系中还有球坐标和柱面坐标。坐标系将几何对象和数、几何关系和函数之间建立了密切的联系，这样就可以对空间形式的研究归结成比较成熟也容易驾驭的数量关系的研究了。用这种方法研究几何学，通常就叫做解析法。这种解析法不但对于解析几何是重要的，就是对于几何学的各个分支的研究也是十分重要的。

16世纪以后，由于生产和科学技术的发展，天文、力学、航海等方面都对几何学提出了新的需要。比如，德国天文学家开普勒发现行星是绕着太阳沿着椭圆轨道运行的，太阳处在这个椭圆的一个焦点上；意大利科学家伽利略发现投掷物体是沿着抛物线运动的。这些发现都涉及圆锥曲线，要研究这些比较

解析几何

数学故事

复杂的曲线，原先的一套方法显然已经不适应了，这就导致了解析几何的出现。

1637年，法国的哲学家和数学家笛卡尔发表了他的著作《方法论》，这本书的后面有三篇附录，一篇叫《折光学》，一篇叫《流星学》，一篇叫《几何学》。当时的这个"几何学"实际上指的是数学，就像我国古代"算术"和"数学"是一个意思一样。笛卡尔的《几何学》共分三卷，第一卷讨论尺规作图；第二卷是曲线的性质；第三卷是立体和"超立体"的作图，但他实际是代数问题，探讨方程的根的性质。后世的数学家和数学史学家都把笛卡尔的《几何学》作为解析几何的起点。从笛卡尔的《几何学》中可以看出，笛卡尔的中心思想是建立起一种"普遍"的数学，把算术、代数、几何统一起来。他设想，把任何数学问题化为一个代数问题，再把任何代数问题归结到去解一个方程式。

为了实现上述的设想，笛卡尔从天文和地理的经纬制度出发，指出平面上的点和实数对(x, y)的对应关系。x，y的不同数值可以确定平面上许多不同的点，这样就可以用代数的方法研究曲线的性质。这就是解析几何的基本思想。具体地说，平面解析几何的基本思想有两个要点：第一，在平面建立坐标系，一点的坐标与一组有序的实数对相对应；第二，在平面上建立了坐标系后，平面上的一条曲线就可由带有两个变数的一个代数方程来表示了。从这里可以看到，运用坐标法不仅可以把几何问题通过代数的方法解决，而且还把变量、函数以及数和形等重要概念密切联系了起来。

解析几何的产生并不是偶然的。在

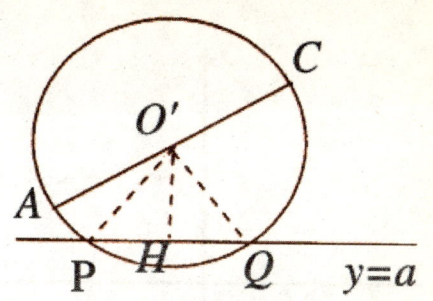

笛卡尔的解析几何

笛卡尔写《几何学》以前，就有许多学者研究过用两条相交直线作为一种坐标系；也有人在研究天文、地理的时候，提出了一点位置可由两个"坐标"（经度和纬度）来确定。这些都对解析几何的创建产生了很大的影响。在数学史上，一般认为和笛卡尔同时代的法国业余数学家费尔马也是解析几何的创建者之一，应该分享这门学科创建的荣誉。费尔马是一个业余从事数学研究的学者，对数论、解析几何、概率论三个方面都有重要贡献。他性情谦和，好静成癖，对自己所写的"书"无意发表。但从他的通信中知道，他早在笛卡尔发表《几何学》以前，就已写了关于解析几何的小文，就已经有了解析几何的思想。只是直到1679年，费尔马死后，他的思想和著述才从给友人的通信中公开发表。笛卡尔的《几何学》作为一本解析几何的书来看是不完整的，但重要的是引入了新的思想，为开辟数学新园地做出了贡献。

总的来说，解析几何运用坐标法可以解决两类基本问题：一类是满足给定条件点的轨迹，通过坐标系建立它的方程；另一类是通过方程的讨论，研究方程所表示的曲线性质。运用坐标法解决问题的步骤是：首先在平面上建立坐标

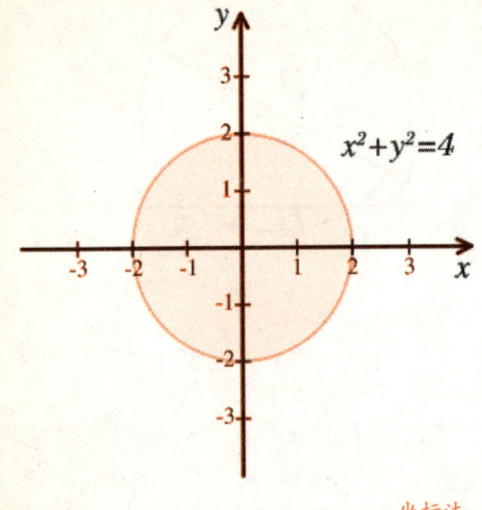

坐标法

系,把已知点的轨迹的几何条件"翻译"成代数方程;然后运用代数工具对方程进行研究;最后把代数方程的性质用几何语言叙述,从而得到原先几何问题的答案。坐标法的思想促使人们运用各种代数的方法解决几何问题。先前被看作几何学中的难题,一旦运用代数方法后就变得平淡无奇了。坐标法对近代数学的机械化证明也提供了有力的工具。

解析几何的创立,引入了一系列新的数学概念,特别是将变量引入数学,使数学进入了一个新的发展时期,这就是变量数学的时期。解析几何在数学发展中起了推动作用。恩格斯对此曾经做过评价:"数学中的转折点是笛卡尔的变数,有了变数,运动进入了数学;有了变数,辩证法进入了数学;有了变数,微分和积分也就立刻成为必要的了。"

数学链接 SHU XUE LIAN JIE **数学链接** SHU XUE LIAN JIE **数学链接** SHU XU

解析几何的运用

解析几何又分作平面解析几何和空间解析几何。在平面解析几何中,除了研究直线的有关性质外,主要是研究圆锥曲线(圆、椭圆、抛物线、双曲线)的有关性质。在空间解析几何中,除了研究平面、直线有关性质外,主要研究柱面、锥面、旋转曲面。椭圆、双曲线、抛物线的有关性质,在生产或生活中被广泛应用。比如电影放映机的聚光灯泡的反射面是椭圆面,灯丝在一个焦点上,影片门在另一个焦点上;探照灯、聚光灯、太阳灶、雷达天线、卫星的天线、射电望远镜等都是利用抛物线的原理制成的。

数学故事

概率论的发展

| 起源于赌博的理论 |

概率论是一门研究随机现象规律的数学分支。它的起源与赌博问题有关。16世纪，意大利的学者吉罗拉莫·卡尔达诺开始研究掷骰子等赌博中的一些简单问题。17世纪中叶，当时的法国宫廷贵族里盛行着掷骰子游戏，游戏规则是玩家连续掷4次骰子，如果其中没有6点出现，玩家赢，如果出现一次6点，则庄家（相当于现在的赌场）赢。按照这一游戏规则，从长期来看，庄家扮演赢家的角色，而玩家大部分时间是输家，因为庄家总是要靠此为生的，因此当时人们也就接受了这种现象。

后来为了使游戏更刺激，游戏规则发生了些许变化，玩家这回用2个骰子连续掷24次，不同时出现2个6点，玩家赢，否则庄家赢。当时人们普遍认为，2次出现6点的概率是一次出现6点的概率的1/6，因此6倍于前一种规则的次数，也就是24次赢或输的概率与以前是相等的。然而事实却刚好相反，从长期来看，这回庄家处于输家的状态，于是他们去请教当时的数学家帕斯卡，求助其对这种现象作出解释。这个问题的解决直接推动了概率论的产生。

随着18、19世纪科学的发展，人们注意到在某些生物、物理和社会现象与机会游戏之间有某种相似性，从而由机会游戏起源的概率论被应用到这些领域中；同时这也大大推动了概率论本身的发展。使概率论成为数学的一个分支的奠基人是瑞士数学家伯努利，他建立了概率论中第一个极限定理，即伯努利大数定律，阐明了事件的频率稳定于它的概率。随后棣莫弗和拉普拉斯又导出了第二个基本极限定理（中心极限定理）的原始形式。拉普拉斯在系统总结前人工作的基础上写出了《分析的概率理论》，明确给出了概率的古典定义，并在概率论中引入了更有力的分析工具，将概率论推向一个新的发展阶段。19世纪末，俄国数学家切比雪夫、马尔可夫、李亚普诺夫等人用分析方法建立了大数定律及中心极限定理的一般形式，科学地解释了为什么实际中遇到的许多随机变量近似服从正态分布。20世纪初受物理学的刺激，人们开始研究随机过程。这方面柯尔莫哥洛夫、维纳、可夫、辛钦、莱维及费勒等人做了杰出的贡献。

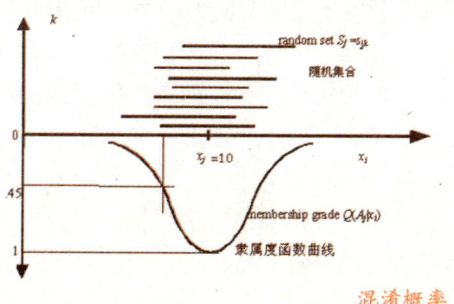

混沌概率

数学家费马向法国数学家帕斯卡提出下列的问题："现有两个赌徒相约赌若干局,谁先赢s局就算赢了,当赌徒A赢a局[a<s],而赌徒B赢b局[b<s]时,赌博中止,那赌本应怎样分才合理呢?"于是他们从不同的理由出发,在1654年7月29日给出了正确的解法,而在三年后,即1657年,荷兰的另一数学家惠根斯亦用自己的方法解决了这一问题,更写成了《论赌博中的计算》一书,这就是概率论最早的论著,他们三人提出的解法中,都首先涉及了数学期望这一概念,并由此奠定了古典概率论的基础。

瑞士数学家雅各布-伯努利是使概率论成为数学一个分支的另一奠基人。他的主要贡献是建立了概率论中的第一个极限定理,我们称为"伯努利大数定理",即"在多次重复试验中,频率有越趋稳定的趋势"。这一定理更在他死后,即1713年,发表在他的遗著《猜度术》中。

到了1730年,法国数学家棣莫弗出版其著作《分析杂论》,当中包含了著名的"棣莫弗—拉普拉斯定理"。这就是概率论中第二个基本极限定理的原始雏形。而接着拉普拉斯在1812年出版的《概率的分析理论》中,首先明确地对概率作了古典的定义。另外,他又和几个数学家建立了关于"正态分布"及"最小二乘法"的理论。另一个在概率论发展史上的代表人物是法国的泊松。他推广了伯努利形式下的大数定律,研究得出了一种新的分布,就是泊松分布。概率论继他们之后,其中心研究课题则集中在推广和改进伯努利大数定律及中心极限定理。

概率论发展到1901年,中心极限定理终于被严格地证明了,之后数学家正是利用这一定理第一次科学地解释了为什么实际中遇到的许多随机变量近似服从以正态分布。到了20世纪30年代,人们开始研究随机过程,而著名的马尔可夫过程的理论在1931年才被奠定其地位。而苏联数学家柯尔莫哥洛夫在概率论发展史上亦做出了重大贡献,到了近代,出现了理论概率及应用概率的分支,即将概率论应用到不同范畴,从而开展了不同学科。因此,现代概率论已经成为一个非常庞大的数学分支。

随机现象是相对于决定性现象而言的。在一定条件下必然发生某一结果的现象称为决定性现象。例如在标准大气压下,纯水加热到100℃时必然会沸腾等。随机现象则是指在基本条件不变的情况下,一系列试验或观察会得到不同结果的现象。每一次试验或观察前,不能肯定会出现哪种结果,而会呈现出偶然性。例如,掷一硬币,可能出现正面或反面,在同一工艺条件下生产出的灯泡,其寿命长短参差不齐等等。随机现象的实现和对它的观察称为随机试验。随机试验的每一可能结果称为一个基本事件,一个或一组基本事件统称随机事件,或简称事件。事件的概率则是衡量该事件发生的可能性的量度。虽然在一次随机试验中某个事件的发生是带有偶然性的,但那些可在相同条件下大量重复的随机试验却往往呈现出明显的数量规律。例如,连续多次掷一均匀的硬币,出现正面的频率随着投掷次数的增加逐渐趋向于1/2。又如,多次测量一物体的长度,其测量结果的平均值随着测量次数的增加,逐渐稳定于一常数,并且诸测量值大都落在此常数的附近,其分布状况呈现中间多,两头少即某程度的对称性。大数定律及中心极限定理就是描述和论证这些规律的。在实际生活中，人们往往还需要研究某一特定随机现象的演变情况随机过程。例如，微小粒子在液体中受周围分子的随机碰撞而形成不规则的运动（即布朗运动），这就是随机过程。随机过程的统计特性、计算与随机过程有关的某些事件的概率，特别是研究与随机过程样本轨道（即过程的一次实现）有关的问题，是现代概率论的主要课题。

如何定义概率，如何把概率论建立在严格的逻辑基础上，是概率理论发展的困难所在，对这一问题的探索一直持续了3个世纪。20世纪初完成的勒贝格测度与积分理论及随后发展的抽象测度和积分理论，为概率公理体系的建立奠定了基础。在这种背景下，苏联数学家柯尔莫哥洛夫1933年在他的《概率论基础》一书中第一次给出了概率的测度论的定义和一套严密的公理体系。他的公理化方法成为现代概率论的基础，使概率论成为严谨的数学分支，对概率论的迅速发展起了积极的作用。

柯尔莫哥洛夫

随着人类的社会实践，人们需要了解各种不确定现象中隐含的必然规律性，并用数学方法研究各种结果出现的可能性大小，从而产生了概率论，并使之逐步发展成一门严谨的学科。现在，概率与统计的方法日益渗透到各个领域，并广泛应用于自然科学、经济学、医学、金融保险甚至人文科学中。

数学链接 SHU XUE LIAN JIE　**数学链接** SHU XUE LIAN JIE　**数学链接** SHU XU

统计概率

统计概率是建立在频率理论基础上的，分别由英国逻辑学家约翰和奥地利数学家理查德提出，他们认为，获得一个事件的概率值的唯一方法是通过对该事件进行100次，1000次或者甚至10000次的前后相互独立的 n 次随机试验，针对每次试验均记录下绝对频率值和相对频率值 $hn(A)$，随着试验次数 n 的增加，会出现如下事实，即相对频率值会趋于稳定，它在一个特定的值的上下浮动，也即是说存在着一个极限值 $P(A)$，相对频率值趋向于这个极限值。这个极限值被称为统计概率。统计概率在今天的实践中具有重要意义，它是数理统计的基础。

函数的漫漫发展之路

数与数的关系轨迹

在数学领域，函数是一种关系，这种关系是一个集合里的每一个元素对应到另一个（可能相同的）集合里的唯一元素。

数学中的一种对应关系，是从非空集合 A 到实数集 B 的对应。简单地说，甲随着乙变，甲就是乙的函数。精确地说，设 X 是一个非空集合，Y 是非空数集，f 是个对应法则，若对 X 中的每个 x，按对应法则 f，使 Y 中存在唯一的一个元素 y 与之对应，就称对应法则 f 是 X 上的一个函数，记作 $y=f(x)$，称 X 为函数 $f(x)$ 的定义域，集合 $\{y|y=f(x), x\in R\}$ 为其值域（值域是 Y 的子集），x 叫做自变量，y 叫做因变量，习惯上也说 y 是 x 的函数。函数分为很多种，包括反函数、正函数、隐函数、显函数、多元函数、一次函数、二次函数、三角函数……。

17世纪伽利略在《两门新科学》一书中，几乎全部包含函数或称为变量关系的这一概念，用文字和比例的方式表达函数的关系。1673年前后笛卡尔在他的解析几何中，已注意到一个变量对另一个变量的依赖关系，但因当时尚未意识到要提炼函数概念，因此直到17世纪后期牛顿、莱布尼茨建立微积分时还没有人明确函数的一般意义，大部分函数是被当做曲线来研究的。1673年，莱布尼兹首次使用"function"（函数）表示"幂"，后来他用该词表示曲线上点的横坐标、纵坐标、切线长等曲线上点的有关几何量。与此同时，牛顿在微积分的讨论中，使用"流量"来表示变量间的关系。

1718年约翰·贝努利在莱布尼兹函数概念的基础上对函数概念进行了定义："由任一变量和常数的任一形式所构成的

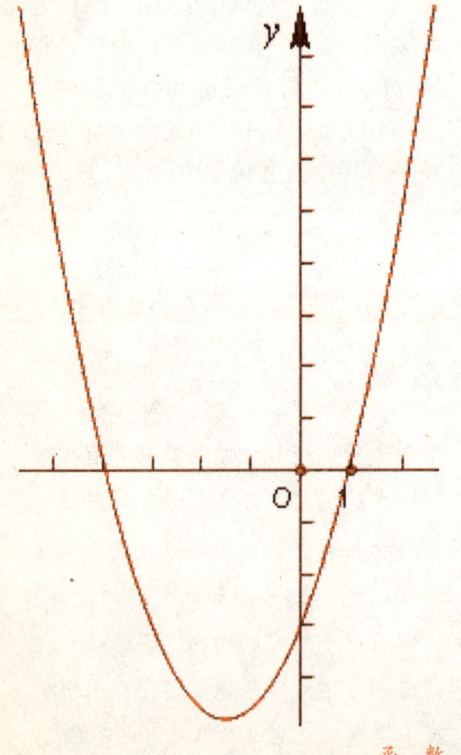

函数

数学故事

量。"他的意思是凡变量 x 和常量构成的式子都叫做 x 的函数,并强调函数要用公式来表示。1755 年,欧拉把函数定义为:"如果某些变量,以某一种方式依赖于另一些变量,即当后面这些变量变化时,前面这些变量也随着变化,我们把前面的变量称为后面变量的函数。"18 世纪中叶欧拉给出了定义:"一个变量的函数是由这个变量和一些数即常数以任何方式组成的解析表达式。"他把约翰·贝努利给出的函数定义称为解析函数,并进一步把它区分为代数函数和超越函数,还考虑了"随意函数"。不难看出,欧拉给出的函数定义比约翰·贝努利的定义更普遍、更具有广泛意义。

伽利略

1821 年,柯西从定义变量起给出了定义:"在某些变数间存在着一定的关系,当一经给定其中某一变数的值,其他变数的值可随着而确定时,则将最初的变数叫自变量,其他各变数叫做函数。"在柯西的定义中,首先出现了自变量一词,同时指出对函数来说不一定要有解析表达式。不过他仍然认为函数关系可以用多个解析式来表示,这是一个很大的局限。1822 年傅立叶发现某些函数也可用曲线表示,也可以用一个式子表示,或用多个式子表示,从而结束了函数概念是否以唯一一个式子表示的争论,把对函数的认识又推进了一个新层次。1837 年狄利克雷突破了这一局限,认为怎样去建立 x 与 y 之间的关系无关紧要,他拓广了函数概念,指出:"对于在某区间上的每一个确定的 x 值,y 都有一个或多个确定的值,那么 y 叫做 x 的函数。"这个定义避免了函数定义中对依赖关系的描述,以其清晰的方式被所有数学家接受。这就是人们常说的经典函数定义。等到康托创立的集合论在数学中占有重要地位之后,维布伦用"集合"和"对应"的概念给出了近代函数定义,通过集合概念把函数的对应关系、定义域及值域进一步具体化了,且打破了"变量是数"的极限,变量可以是数,也可以是其他对象。

1914 年豪斯道夫在《集合论纲要》中用不明确的概念"序偶"来定义函数,其避开了意义不明确的"变量"、"对应"概念。库拉托夫斯基于 1921 年用集合概念来定义"序偶"使豪斯道夫的定义更严谨了。1930 年新的现代函数定义为"若对于集合 M 的任意元素 x,总有集合 N 确定的元素 y 与之对应,则称在集合 M 上定义一个函数,记为 $y=f(x)$。元素 x 称为自变元,元素 y 称为因变元。"术语函数、映射、对应、变换通常都有同一个意思。但函数只表示数与数之间的对应关系,映射还可表示点与点之间，图形与图形之间等的对应关系。可以说函数包含于映射。当然，映射也只是一部分。

中学数学书上使用的"函数"一词是转译词，是我国清代数学家李善兰在翻译《代数学》一书时，把"function"译成"函数"的。中国古代"函"字与"含"字通用，都有着"包含"的意思。李善兰给出的定义的含义是："凡是公式中含有变量 x，则该式子叫做 x 的函数。"所以"函数"是指公式里含有变量的意思。

函数经过这一系列的发展终于以比较完善的姿态来到了我们的教科书里面，

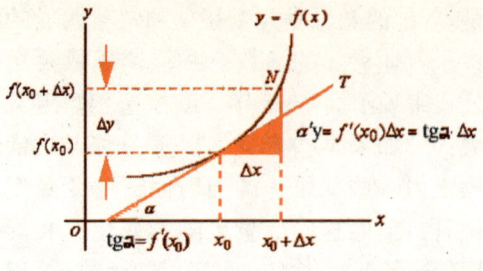

函数公式图解

我们在学习前人研究结果的同时，也不要忘记数学史上那些伟大的数学家为数学的进步、社会的进步所付出的艰辛和努力。函数走过了漫长的历史，一步步趋于完善。通过无数数学家的努力探索研究，才有了我们今天所学习的函数。

数学链接 SHU XUE LIAN JIE   **数学链接** SHU XUE LIAN JIE   **数学链接** SHU XU

实变函数

以实数作为自变量的函数就叫做实变函数，以实变函数作为研究对象的数学分支就叫做实变函数论。它是微积分学的进一步发展，它的基础是点集论。点集论是专门研究点组成的集合的性质的理论。也可以说实变函数论是在点集论的基础上研究分析数学中的一些最基本的概念和性质的。比如，点集函数、序列、极限、连续性、可微性、积分等。实变函数论还要研究实变函数的分类问题、结构问题。实变函数论的内容包括实值函数的连续性质、微分理论、积分理论和测度论等。实变函数论和古典数学分析不同，它是一种比较高深精细的理论，是数学的一个重要分支，它的应用广泛，它在数学各个分支的应用是现代数学的特征，它的观念和方法以及它在各个数学分支的应用，对形成近代数学的一般拓扑学和泛函分析两个重要分支有着极为重要的影响。

数学故事

微积分的发展历程
微积分的发现是人类精神的最高胜利

微积分是高等数学中研究函数的微分、积分以及有关概念和应用的数学分支。它是数学的一个基础学科。内容主要包括极限、微分学、积分学及其应用。微分学包括求导数的运算,是一套关于变化率的理论。它使得函数、速度、加速度和曲线的斜率等均可用一套通用的符号进行讨论。积分学,包括求积分的运算,为定义和计算面积、体积等提供一套通用的方法。

从微积分成为一门学科来说,是在17世纪,但是,微分和积分的思想在古代就已经产生了。

公元前3世纪,古希腊的阿基米德在研究解决抛物弓形的面积、球和球冠面积、螺线下面积和旋转双曲体体积的问题中,就隐含着近代积分学的思想。作为微分学基础的极限理论来说,早在古代已有比较清楚的论述。比如我国的庄周所著的《庄子》一书的"天下篇"中,记有"一尺之棰,日取其半,万世不竭"。三国时期的刘徽在他的割圆术中提到"割之弥细,所失弥小,割之又割,以至于不可割,则与圆周和体而无所失矣"。这些都是朴素的、也是很典型的极限概念。

到了17世纪,有许多科学问题需要解决,这些问题也就成了促使微积分产生的因素。17世纪的许多著名的数学家、天文学家、物理学家都为解决上述几类问题做了大量的研究工作,如法国的费马、笛卡尔、罗伯瓦、笛沙格;英国的巴罗、瓦里士;德国的开普勒;意大利的卡瓦列利等人都提出许多很有建树的理论,为微积分的创立做出了贡献。

17世纪下半叶,在前人工作的基础上,英国大科学家牛顿和德国数学家莱布尼茨分别在自己的国度里独自研究和完成了微积分的创立工作,虽然这只是十分初步的工作。他们的最大功绩是把两个貌似毫不相关的问题联系在一起,一个是切线

牛 顿

41

问题（微分学的中心问题），一个是求积问题（积分学的中心问题）。

牛顿和莱布尼茨建立微积分的出发点是直观的无穷小量，因此这门学科早期也称为无穷小分析，这正是现在数学中分析学这一大分支名称的来源。牛顿研究微积分着重于从运动学来考虑，莱布尼茨却是侧重于几何学来考虑的。

牛顿在1671年写了《流数法和无穷级数》，这本书直到1736年才出版，它在这本书里指出，变量是由点、线、面的连续运动产生的，否定了以前自己认为的变量是无穷小元素的静止集合。他把连续变量叫做流动量，把这些流动量的导数叫做流数。牛顿在流数术中所提出的中心问题是：已知连续运动的路径，求给定时刻的速度（微分法）；已知运动的速度求给定时间内经过的路程（积分法）。

德国的莱布尼茨是一个博才多学的学者，1684年，他发表了现在世界上认为是最早的微积分文献，这篇文章有一个很长而且很古怪的名字《一种求极大极小和切线的新方法，它也适用于分式和无理量，以及这种新方法的奇妙类型的计算》。就是这样一篇说理也颇含糊的文章，却有划时代的意义。它已含有现代的微分符号和基本微分法则。1686年，莱布尼茨发表了第一篇积分学的文献。他是历史上最伟大的符号学者之一，他所创设的微积分符号，远远优于牛顿的符号，这对微积分的发展有极大的影响。现在我们使用的微积分通用符号就是当时莱布尼茨精心选用的。

不幸的是，由于人们在欣赏微积分的宏伟功效之余，在提出谁是这门学科的创立者的时候，竟然引起了一场轩然大波，造成了欧洲大陆的数学家和英国数学家的长期对立的局面。英国数学在一个时期里闭关锁国，囿于民族偏见，过于拘泥在牛顿的"流数术"中停步不前，因而数学发展整整落后了一百年。

其实，牛顿和莱布尼茨分别是自己独立研究，在大体上相近的时间里先后完成的。比较特殊的是牛顿创立微积分要比莱布尼茨早十年左右，但是正式公开发表微积分这一理论，莱布尼茨却要比牛顿发表早三年。他们的研究各有长处，也都各有短处。那时候，由于民族偏见，关于发明优先权的争论竟从1699年始延续了一百多年。

应该指出，这是和历史上任何一项重大理论的完成都要经历一段时间一样，牛顿和莱布尼茨的工作也都是很不完善的。他们在无穷和无穷小量这个问题上，其说不一，十分含糊。牛顿的无穷小量，有时候是零，有时候不是零而是有限的小量；莱布尼茨的也不能自圆其说。这些基础方面的缺陷，最终导致了第二次数学危机的产生。

直到19世纪初，法国科学学院的科学家以柯西为首，对微积分的理论进行了认真研究，建立了极限理论，后来又经过德国数学家维尔斯特拉斯进一步的严格化，使极限理论成为了微积分的坚定基础，才使微积分进一步的发展开来。

本来从广义上说，数学分析包括微积分、函数论等许多分支学科，但是现在一般已习惯于把数学分析和微积分等同起来，数学分析成了微积分的同义词，一提数学分析就知道是指微积分。微积分的基本概念和内容包括微分学和积分学。

数学故事

微积分是与科学应用联系着发展起来的。最初，牛顿应用微积分学及微分方程对第谷浩瀚的天文观测数据进行了分析运算，得到了万有引力定律，并进一步导出了开普勒行星运动三定律。此后，微积分学成了推动近代数学发展强大的引擎，同时也极大地推动了天文学、物理学、化学、生物学、工程学、经济学等自然科学、社会科学及应用科学各个分支中的发展，并在这些学科中有越来越广泛的应用，特别是计算机的出现更有助于这些应用的不断发展。

微积分的诞生是继欧几里得几何建立之后，数学发展的又一个里程碑式的事件。微积分诞生之前，人类基本上还处在农耕文明时期。解析几何的诞生是新时代到来的序曲，但还不是新时代的开端。它对旧数学做了总结，使代数与几何融为一体，并引发出变量的概念。

变量，这是一个全新的概念，它为研究运动学提供了基础。

推导出大量的宇宙定律必须等待这样的时代的到来，准备好这方面的思想，产生像牛顿、莱布尼茨、拉普拉斯这样一批能够开创未来，为科学活动提供方法，指出方向的领袖，但也必须等待创立一个必不可少的工具——微积分，没有微积分，推导宇宙定律是不可能的。在17世纪的天才们开发的所有知识宝库中，这一领域是最丰富的，微积分为创立许多新的学科提供了源泉。

微积分的建立是人类头脑最伟大的创造之一，一部微积分发展史，是人类一步一步顽强地认识客观事物的历史，是人类理性思维的结晶。它给出一整套的科学方法，开创了科学的新纪元，并因此加深了数学的作用。

数学链接 SHU XUE LIAN JIE　**数学链接** SHU XUE LIAN JIE　**数学链接** SHU XU

微积分的主要内容

微积分学是数学的一个基础分支学科，源于代数和几何。内容主要包括函数、极限、导数、微分学、积分学及其应用。其中主要的是：微分学，介入分化方法。主要研究变化率（函数内的）的问题，如加速度、曲线、斜坡等；积分学，介入综合化法来计算函数曲线下所包含的面积和旋转体的容量等问题。两个概念定义相反操作，实际上使微积分学的根本定理相当精确。

微积分主要有三大类分支：极限、微分学、积分学。微积分的基本理论表明了微分和积分是互逆运算。牛顿和莱布尼茨发现了这个定理以后才引起了其他学者对于微积分学的狂热的研究。这个发现使我们在微分和积分之间互相转换。这个基本理论也提供了一个用代数计算许多积分问题的方法，该方法并不真正进行极限运算而是通过发现不定积分。该理论也可以解决一些微分方程的问题，解决未知数的积分。微分问题在科学领域无处不在。

复数的历史

| 揭去复数的神秘面纱 |

根据我们的切身经历,我们知道,在实数范围内,对于有些运算仍然无能为力,只有把实数集扩充到复数集才能解决这一难题。可是,历史上引进虚数,把实数集扩充到复数集可不是件很容易的事,那么,历史上是如何引进虚数的呢?

16世纪意大利米兰学者卡尔达诺在1545年发表的《重要的艺术》一书中,公布了三次方程的一般解法,被后人称之为"卡当公式"。他是第一个把负数的平方根写到公式中的数学家,并且在讨论是否可能把10分成两部分,使它们的乘积等于40时,他把答案写成=40,尽管他认为这两个表示式是没有意义的、想象的、虚无缥缈的,但他还是把10分成了两部分,并使它们的乘积等于40。

给出"虚数"这一名称的是法国数学家笛卡尔,他在《几何学》中使"虚的数"与"实的数"相对应,从此,虚数才开始广泛地流传开来。而至此,数系中发现一颗新星——虚数,于是引起了数学界的一片困惑。由于虚数闯入数的领域时,人们对它的实际用处一无所知,在实际生活中似乎也没有用复数来表达的量,因此,在很长的一段时间里,人们对虚数产生过种种怀疑和误解。笛卡尔称"虚数"的本意是指它是假的;莱布尼茨在公元18世纪初则认为:"虚数是美妙而奇异的神灵隐蔽所,它几乎是既存在又不存在的两栖物。"欧拉尽管在许多地方用了虚数,但又说一切形如(-1)、(-2)的数学式都是不可能有的,纯属虚幻的。

1777年瑞士数学家欧拉开始使用符号 $i=\sqrt{-1}$ 表示虚数的单位。"虚数"实际上不是想象出来的,而它是确实存在的。虚数的出现,使无理数在有理数面前更加有底气,并且在虚数的基础上还引出了复数的概念,虚数其实很复杂,它的神秘面纱还没有被完全揭开,它在等待人们对它进行进一步的研究。虚数的名字来源于人们的"顽固",好在现在人们对虚数的应用不那么糊涂了,人们已经懂得了它

几何图解复数

数学故事

的重要性。之后,后人将虚数和实数有机地结合起来,写成a+bi形式(a、b为实数),称为复数。挪威的测量学家戚塞尔在1779年试图给予这种虚数以直观的几何解释,并首先发表其做法,然而没有得到学术界的重视。德国数学家阿甘得在1806年公布了虚数的图像表示法,即所有实数能用一条数轴表示,同样,虚数也能用一个平面上的点来表示。在直角坐标系中,横轴上取对应实数a的点A,纵轴上取对应实数b的点B,并过这两点引平行于坐标轴的直线,它们的交点C就表示复数a+bi。像这样,由各点都对应复数的平面叫做"复平面",后来又称"阿甘得平面"。高斯在1831年,用实数组(a,b)代表复数,并建立了复数的某些运算,使得复数的某些运算也像实数一样地"代数化"。他又在1832年将表示平面上同一点的两种不同方法——直角坐标法和极坐标法加以综合,统一于表示同一复数的代数式和三角式两种形式中,并把数轴上的点与实数一一对应,扩展为平面上的点与复数一一对应。高斯不仅把复数看作平面上的点,而且还看作是一种向量,并利用复数与向量之间一一对应的关系,阐述了复数的几何加法与乘法。至此,复数理论才比较完整和系统地建立起来了。复数的乘、除、乘方、开方可以按照幂的运算法则进行。复数集不同于实数集的几个特点是:开方运算永远可行;一元 n 次复数方程总有 n 个根(重根按重数计);复数不能建立大小顺序。

经过许多数学家长期不懈的努力,深刻探讨并发展了复数理论,才使得在数学地领域游荡了近200年的幽灵——虚数,揭去了神秘的面纱,显现出它的本来面目,原来虚数不虚。虚数成为了数系大家庭中的一员,从而才使实数集扩充到了复数集。复数的应用十分广泛。在系统分析中,系统常常通过拉普拉斯变换从时域变换到频域。因此可在复平面上分析系统的极点和零点。分析系统稳定性的根轨迹法、奈奎斯特图法和尼科尔斯图法都是在复平面上进行的。无论系统极点和零点在左半平面还是右半平面,根轨迹法都很重要。如果系统极点位于右半平面,则因果系统不稳定;都位于左半平面,则因果系统稳定;位于虚轴上,则系统为临界稳定的。如果系统的全部零点都位于右半平面,则这是个最小相位系统。如果系统的极点和零点关于虚轴对称,则这是全通系统。在应用层面,复分析常用以计算某些实

卡尔达诺

希尔伯特

值的反常函数，借由复值函数得出。实际应用中，求解给定差分方程模型的系统，通常首先找出线性差分方程对应的特征方程的所有复特征根 r，再将系统以形为 $f(t)=e$ 的基函数的线性组合表示。复函数于流体力学中可描述二维势流。一些碎形如曼德勃罗集合和茹利亚集是建基于复平面上的点……

随着科学和技术的发展进步，复数理论已越来越显出它的重要性，它不但对于数学本身的发展有着极其重要的意义，而且为证明机翼上升力的基本定理起到了不可估量的作用，并且在解决堤坝渗水的问题中显示了它的威力，而且还为建立巨大水电站提供了重要的理论依据。

数学链接 SHU XUE LIAN JIE　数学链接 SHU XUE LIAN JIE　数学链接 SHU XU

希尔伯特空间

在数学领域，希尔伯特空间是欧几里得空间的一个推广，使其不再局限于有限维的情形。与欧几里得空间相仿，希尔伯特空间也是一个内积空间，其上有距离和角的概念（及由此引申而来的正交性与垂直性的概念）。此外，希尔伯特空间还是一个完备的空间，其上所有的柯西列等价于收敛列，从而微积分中的大部分概念都可以无障碍地推广到希尔伯特空间中。希尔伯特空间为基于任意正交系上的多项式表示的傅立叶级数和傅立叶变换提供了一种有效的表述方式，而这也是泛函分析的核心概念之一。一个抽象的希尔伯特空间中的元素往往被称为向量。在实际应用中，它可能代表了一列复数或是一个函数。例如在量子力学中，一个物理系统可以表示为一个复希尔伯特空间，其中的向量是描述系统可能状态的波函数。

数学故事·

代数与代数学
古老算术的推广和发展

代数是研究数字和文字的代数运算理论和方法，更确切地说，是研究实数和复数，以及以它们为系数的多项式的代数运算理论和方法的数学分支学科。初等代数是更古老的算术的推广和发展。在古代，当算术里积累了大量的，关于各种数量问题的解法后，为了寻求有系统的、更普遍的方法，以解决各种数量关系的问题，就产生了以解方程的原理为中心问题的初等代数。代数是由算术演变来的，这是毫无疑问的。

如果我们对代数符号不是要求像现在这样简练，那么，代数学的产生可上溯到更早的年代。西方人将公元前3世纪古希腊数学家丢番图看作是代数学的鼻祖。而在中国，用文字来表达的代数问题出现的就更早了。"代数"作为一个数学专有名词、代表一门数学分支在我国正式使用，最早是在1859年。那年，清代数学家李善兰和英国人韦列亚力共同翻译了英国人棣么甘所写的一本书，译本的名称就叫做《代数学》。当然，代数的内容和方法，我国古代早就产生了，比如《九章算术》中就有方程问题。代数学随着人类生活的提高，生产技术的进步，科学和数学本身的需要而产生和发展。在这个过程中，代数学的研究对象和研究方法发生了重大的变化。代数学可分为初等代数学和抽象代数学两部分。初等代数学是更古老的算术的推广和发展，而抽象代数学则是在初等代数学的基础上产生和发展起来的。初等代数的中心内容是解方程，因而长期以来都把代数学理解成方程的科学，数学家们也把主要精力集中在方程的研究上。它的研究方法是高度计算性的。要讨论方程，首先遇到的一个问题是如何把实际中的数量关系组成代数式，然后根据等量关系列出方程。所以初等代数的一个重要内容就是代数式。由于事物中的数量关系的不同，大体上初等代数形成了整式、分式和根式这三大类。

李善兰

代数式是数的化身，因而在代数中，它们都可以进行四则运算，服从基本运算定律，而且还可以进行乘方和开方两种新的运算。通常把这六种运算叫做代数运算，以区别于只包含四种运算的算术运算。

在初等代数的产生和发展的过程中，通过解方程的研究，也促进了数的概念的进一步发展，将算术中讨论的整数和分数的概念扩充到有理数的范围，使数包括正负整数、正负分数和零。这是初等代数的又一重要内容，就是数的概念的扩充。有了有理数，初等代数能解决的问题就大大地扩充了。但是，有些方程在有理数范围内仍然没有解。于是，数的概念再一次扩充到了实数，进而又进一步扩充到了复数。那么到了复数范围内是不是仍然有方程没有解，还必须把复数再进行扩展呢？数学家们说：不用了。这就是代数里的一个著名的定理——代数基本定理。这个定理简单地说就是 n 次方程有 n 个根。1742 年 12 月 15 日瑞士数学家欧拉曾在一封信中明确地做了陈述，后来另一个数学家、德国的高斯在 1799 年给出了严格的证明。

初等代数学进一步的向两个方面发展，一方面是研究未知数更多的一次方程组；另一方面是研究未知数次数更高的高次方程。这时候，代数学已由初等代数向着高等代数的方向发展了。二次方程的求根公式在花拉子米时代就已经得到，但三次、四次方程的求根公式却直到 15 世纪末还没有得到。16 世纪上半叶，意大利数学家塔尔塔利亚首先得到了三次方程的一般解法，其方法却由另一位意大利数学家卡尔达诺抢先在他的著作《大术》中公布，为此引出一场风波，其中包括 400 多年前的著名的数学竞赛。三次方程的求根公式以"卡尔达诺公式"流传下来。四次方程的一般解法由卡尔达诺的学生费拉里得到。

在出现普遍适用的代数符号之前，代数方程理论的发展是缓慢的、曲折的。花拉子米的《代数学》完全用文字叙述，使用起来很不方便。丢番图和印度数学家都使用过一些缩写文字和记号，但很不系统，没有被后人采纳。在 12 世纪以后欧洲的代数学文献中陆续出现过一些简写法，包括一些运算的表示。到 15 世纪末，开始使用现代符号"+"和"-"来代替过去流行的烦琐语言表示数学运算。接着又有了幂及根式的符号，并且出现了括号。符号代数学的最终确立是由法国数学家韦达完成的。他的《分析术入门》被西方数学史家推崇为第一部符号代数学。在本书中，他自觉地、系统地运用字母代替数字，用辅音字母表示已知数，用元音字母表示未知数。韦达还明确指出代数与算术的区别，前者是"类的算术"（施行于事物的类和形式的运算），后者是"数的算术"。于是代数学更带有普遍性，形式更抽象，应用更广泛。在稍后的工作里，韦达改进了三次、四次方程的解法。

在 19 世纪，代数学发生了革命性的变革。首先是挪威数学家阿贝尔证明了五次以上的一般代数方程不可能用根式求解，并实质上引进了域和在给定域中不可约多项式这两个概念。紧接着，法国数学家伽罗瓦对于高次方程是否能用根式求解问题给出更彻底的解答。他引

数学故事

进了置换群的正规子群、数域的扩域、群的同构等概念，证明了由方程的根的某些置换所构成的群（即伽罗瓦群）的可解性是方程根式可解的充分必要条件。伽罗瓦的工作并没有立即为人们所了解和接受，直到 1870 年才由法国数学家若尔当在他的著作《置换与代数方程》中给出第一个全面而清晰的阐述，他还补充了自己的新成果，这部著作大大地推进了置换群论的研究。

到 19 世纪末，数学家们从许多分散出现的具体研究对象抽象出它们的共同特征来进行公理化研究，使得代数学终于从方程理论转向代数运算的研究。近代德国学派对这一步综合的工作起了主要作用。自 19 世纪末戴德金和希尔伯特的工作开始，在韦伯的 3 卷巨著的影响下，施泰尼茨于 1911 年发表了重要论文《域的代数理论》，对抽象代数学的建立贡献很大。20 世纪 20 年代以来，以 A.E.诺特和阿廷以及他们的同事、学生们为中心，抽象代数学得到空前的发展。

伽罗瓦

荷兰数学家范德瓦尔登根据 A.E.诺特和阿廷的讲稿于 20 世纪 30 年代初写成《近世代数学》，综合当时抽象代数学各方面的工作于一书，对于抽象代数学的传播和发展起了巨大的推动作用。

抽象代数学是以研究数字、文字和更一般元素的代数运算的规律和由这些运算适合的公理而定义的各种代数结构的性质为其中心问题的。因此，抽象代数学对于全部现代数学和一些其他科学领域都有重要的影响。

数学链接 SHU XUE LIAN JIE　**数学链接** SHU XUE LIAN JIE　**数学链接** SHU XU

线性代数

　　线性代数是数学的一个分支，它的研究对象是向量，向量空间（或称线性空间）、线性变换和有限维的线性方程组。向量空间是现代数学的一个重要课题；因而，线性代数被广泛地应用于抽象代数和泛函分析中；通过解析几何，线性代数得以被具体表示。线性代数的理论已被泛化为算子理论。由于科学研究中的非线性模型通常可以被近似为线性模型，使得线性代数被广泛地应用于自然科学和社会科学中。线性代数方法是指使用线性观点看待问题，并用线性代数的语言描述它、解决它（必要时可使用矩阵运算）的方法，是数学与工程学中最主要的应用之一。

奇怪的麦比乌斯圈

魔术般的数学魅力

麦比乌斯圈,也译作莫比乌斯带,是一种单侧、不可定向的曲面。因 A.F. 比乌斯发现而得名。将一个长方形纸条 $ABCD$ 的一端 AB 固定,另一端 DC 扭转半周后,把 AB 和 CD 粘合在一起,得到的曲面就是麦比乌斯圈。

数学上流传着这样一个故事:有人曾提出,先用一张长方形的纸条,首尾相粘,做成一个纸圈,然后只允许用一种颜色,在纸圈上的一面涂抹,最后把整个纸圈全部抹成一种颜色,不留下任何空白。这个纸圈应该怎样粘?如果是纸条的首尾相粘做成的纸圈有两个面,势必要涂完一个面再重新涂另一个面,不符合涂抹的要求,能不能做成只有一个面、一条封闭曲线做边界的纸圈儿呢?

对于这样一个看来十分简单的问题,数百年间,曾有许多科学家进行了认真研究,结果都没有成功。后来,德国的数学家麦比乌斯对此发生了浓厚兴趣,他长时间专心思索、试验,也毫无结果。

有一天,他被这个问题弄得头昏脑涨了,便到野外去散步。新鲜的空气、清凉的风,使他顿时感到轻松舒适,但他头脑里仍然只有那个尚未找到的圈儿。

一片片肥大的玉米叶子,在他眼里变成了"绿色的纸条儿",他不由自主地蹲下去,摆弄着、观察着。叶子弯取着耷拉下来,有许多扭成半圆形的,他随便撕下一片,顺着叶子自然扭的方向对接成一个圆圈儿,他惊喜地发现,这"绿色的圆圈儿"就是他梦寐以求的那种圈圈。麦比乌斯回到办公室,裁出纸条,把纸的一端扭转180°,再将两端粘在一起,这样就做成了只有一个面的纸圈儿。圆圈做成后,麦比乌斯捉了一只小甲虫,放在上面让它爬。结果,小甲虫不翻越任何边界就爬遍了圆圈儿的所有部分。麦比乌斯激动地说:"公正的小甲虫,你无可辩驳地证明了这个圈儿只有一个面。"麦比乌斯圈就这样被发现了。

关于麦比乌斯圈的单侧性,可如下直

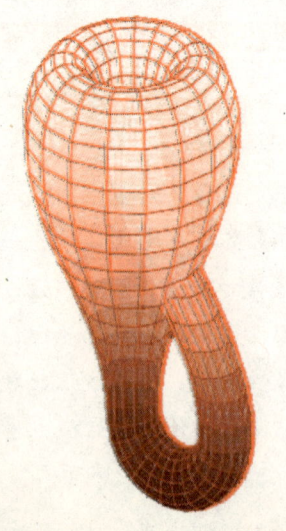

麦比乌斯圈

数学故事

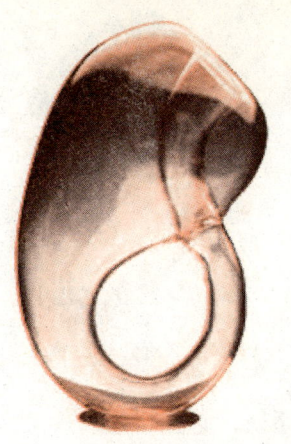

麦比乌斯环

观地了解，如果给麦比乌斯圈着色，色笔始终沿曲面移动，且不越过它的边界，最后可把麦比乌斯圈两面均涂上颜色，区分不出何是正面，何是反面。对圆柱面则不同，在一侧着色不通过边界不可能对另一侧也着色。单侧性又称不可定向性。以曲面上除边缘外的每一点为圆心各画一个小圆，对每个小圆周指定一个方向，称为相伴麦比乌斯圈单侧曲面圆心点的指向，若能使相邻两点相伴的指向相同，则称曲面可定向，否则称为不可定向。麦比乌斯圈是不可定向的。

麦比乌斯圈本身具有很多奇妙的性质。如果你从中间剪开一个麦比乌斯圈，不会得到两个窄的带子，而是会形成一个把纸带的端头扭转了两次再结合的环（并不是麦比乌斯圈），再把刚刚做出那个把纸带的端头扭转了两次再结合的环从中间剪开，则变成两个环。如果你把带子的宽度分为三分，并沿着分割线剪开的话，会得到两个环，一个是窄一些的麦比乌斯圈，另一个则是一个旋转了两次再结合的环。另外一个有趣的特性是将纸带旋转多次再粘贴末端而产生的。比如旋转三个半圈的带子再剪开后会形成一个三叶结。剪开带子之后再进行旋转，然后重新粘贴则会变成数个。麦比乌斯圈常被认为是无穷大符号"∞"的创意来源，因为如果某个人站在一个巨大的莫比乌斯带的表面上沿着他能看到的"路"一直走下去，他就永远不会停下来。但是这是一个不真实的传闻，因为"∞"的发明比麦比乌斯圈还要早。

麦比乌斯圈还有着更为奇异的特性。一些在平面上无法解决的问题，却不可思议地在麦比乌斯圈上获得了解决。比如在普通空间无法实现的"手套易位问题"：人左右两手的手套虽然极为相像，但却有着本质的不同。我们不可能把左手的手套贴切地戴到右手上去；也不能把右手的手套贴切地戴到左手上来。无论你怎么扭来转去，左手套永远是左手套，右手套也永远是右手套。不过，倘若你把它搬到麦比乌斯圈上来，那么解决起来就易如反掌了。"手套易位问题"告诉我们：堵塞在一个扭曲了的面上，左、右手系的物体是可以通过扭曲时实现转换的。但是，麦比乌斯圈具有一条非常明显的边界，这似乎是一种美中不足。公元1882年，另一位德国数学家费力克斯·克莱茵，终于找到了一种自我封闭而没有明显边界的模型，后来以他的名字命名为"克莱因瓶"。这种怪瓶实际上可以看作是由一对麦比乌斯圈，沿边界粘合而成。通常的一张纸条两端对接得到的纸环是有两个面的。你拿一张纸条，一端扭转180°，对接起来。这样你用一支铅笔在纸带中央点一个点，然后以这个点为起点沿着纸带画线，画一圈，两个点重合了，但是不在同个面上。要

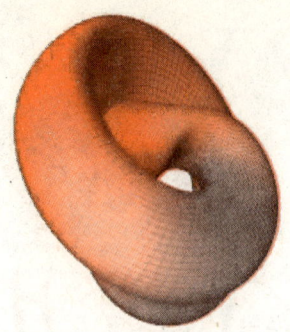

着色的麦比乌斯圈

想回到原处，必须再走一圈。麦比乌斯圈其实是一怪圈。如果走不出麦比乌斯圈，第四维的存在就不具备意义。然而麦比乌斯圈永远不会从二维中走出，那么时间与过程，便不具备任何存在意义。企图从一个虚数轴里探寻所有谜底，仿佛更是一个没有谜底的谜。一群三维生物将生存的莫名性寄托在无法跨入的四维空间，又仿佛很有出路的样子。

数学中有一个重要分支叫"拓扑学"，主要是研究几何图形连续改变形状时的一些特征和规律的，"麦比乌斯圈"变成了拓扑学中最有趣的单侧面问题之一。麦比乌斯圈的概念被广泛地应用到了建筑、艺术、工业生产中。运用麦比乌斯圈原理我们可以建造立交桥和道路，避免车辆行人的拥堵。

数学链接 SHU XUE LIAN JIE **数学链接** SHU XUE LIAN JIE **数学链接** SHU XU

麦比乌斯环拧劲

"麦比乌斯环拧劲"就是让人百思不得其解、知道它存在，但却未能明确找到的和明确表达出来的"上帝之手"。现代物理科学对此也有了最近、最新的发现，将之称之为"暗物质"或"暗能量"，实质上是找到宇宙生成时的"麦比乌斯环拧劲"，而在宇宙时空下"暗物质"是"暗能量"生成物质时的中间态，会以"暗能量"生成一对正反对立的两倍"能量"的形式存在并且会无处不在。更明确、确切地说，应该是以与"空间"的生成而同时生成的新的一对"正反能量体"的这一载体与这一载体所运行的空间和这一载体与统一整体的宇宙时空及宇宙时空中的万物不可分割的联系的形式表现出来、并以生成这一载体和这一载体所携带的"正反能量体"为结果的形式在宇宙时空下存在，也正因此，宏观宇宙的空间和物质就会在宏观的宇宙中呈现出空间与物质的不断生成和时间的延续，也正因这"麦比乌斯拧劲"或"暗能量"才有了推动宇宙万物的"时间之箭"，同时也正因为"暗能量"的存在导致在宏观宇宙时空下与宇宙时空中的任何一点，在"第一裂变"的过程中能量不守恒定律的必然存在，能量不守恒也只有在这一最初的"第一裂变"的过程中存在和适用。

数学故事·

"博弈论"的粗浅认知
无处不在的巧妙与策略

博弈论又被称为对策论，它是现代数学的一个新分支，也是运筹学的一个重要组成内容。《博弈圣经》中写到：博弈论是二人在平等的对局中各自利用对方的策略变换自己的对抗策略，达到取胜的意义。按照2005年因对博弈论的贡献而获得诺贝尔经济学奖的罗伯特·奥曼教授的说法，博弈论就是研究互动决策的理论。所谓互动决策，即各行动方（即局中人）的决策是相互影响的，每个人在决策的时候必须将他人的决策纳入自己的决策考虑之中，当然也需要把别人对于自己的考虑也要纳入考虑之中。在如此跌宕的情形下，考虑并进行决策，选择最有利于自己的战略。

其实，博弈论思想古已有之，我国古代的《孙子兵法》不仅是一部军事著作，而且算是最早的一部博弈论专著。博弈论最初主要研究象棋、桥牌、赌博中的胜负问题，人们对博弈局势的把握只停留在经验上，没有向理论化发展，博弈论正式发展成一门学科则是在20世纪初。1928年冯·诺依曼证明了博弈论的基本原理，从而宣告了博弈论的正式诞生。1944年，冯·诺依曼和摩根斯坦共著的划时代巨著《博弈论与经济行为》将二人博弈推广到n人博弈结构，并将博弈论系统应用于经济领域，从而奠定了这一学科的基础和理论体系。谈到博弈论就不能忽略博弈论天才纳什，纳什的开创性论文《n人博弈的均衡点》、《非合作博弈》等等，给出了纳什均衡的概念和均衡存在定理。此外，塞尔顿、哈桑尼的研究也对博弈论发展起到推动作用。

面对如许重重迷雾，博弈论怎样着手分析解决问题，怎样对作为现实归纳的抽象数学问题求出最优解、从而为在理论上指导实践提供可能性呢？对于非合作、纯竞争型博弈，诺伊曼所解决的

冯·诺依曼

只有二人零和博弈——好比两个人下棋、或是打乒乓球，一个人赢一局则另一个人必输一局，净获利为零。在这里抽象化后的博弈问题是，已知参与者集合（两方）、策略集合（所有棋局）和盈利集合（赢子输子），能否且如何找到一个理论上的"解"或"平衡"，也就是对参与双方来说都最"合理"、最优的具体策略？怎样才是"合理"？应用传统决定论中的"最小最大"准则，就是博弈的每一方都假设对方的所有攻略的根本目的是使自己最大程度地失利，并据此最优化自己的对策，诺伊曼从数学上证明，通过一定的线性运算，对于每一个二人零和博弈，都能够找到一个"最小最大解"。通过一定的线性运算，竞争双方以概率分布的形式随机使用某套最优策略中的各个步骤，就可以最终达到彼此盈利最大且相当。当然，其隐含的意义在于，这套最优策略并不依赖于对手在博弈中的操作。用通俗的话说，这个著名的最小最大定理所体现的基本"理性"思想是"抱最好的希望，做最坏的打算"。

博弈的主要要素有：1.决策人：在博弈中率先做出决策的一方，这一方往往依据自身的感受、经验和表面状态优先采取一种有方向性的行动。2.对抗者：在博弈二人对局中行动滞后的那个人，与决策人要做出基本反面的决定，并且他的动作是滞后的、默认的、被动的，但最终占优。他的策略可能依赖于决策人劣势的策略选择，占去空间特性，因此对抗是唯一占优的方式，实为领导人的阶段性终结行为。3.生物亲序：所有生物在恶劣、未知的环境中都有寻找规律和有序的本能。在博弈中指参与者有从混乱的环境中等待、寻找有序的亲近行为。4.局中人：在一场竞赛或博弈中，每一个有决策权的参与者成为一个局中人。只有两个局中人的博弈现象称为"两人博弈"，而多于两个局中人的博弈称为"多人博弈"。5.策略：一局博弈中，每个局中人都有选择实际可行的完整的行动方案，即方案不是某阶段的行动方案，而是指导整个行动的一个方案，一个局中人的一个可行的自始至终全局筹划的一个行动方案，称为这个局中人的一个策略。如果在一个博弈中局中人都总共有有限个策略，则称为"有限博弈"，否则称为"无限博弈"。6.得失：一局博弈结局时的结果称为得失。每个局中人在一局博弈结束时的得失，不仅与该局中人自身所选择的策略有关，而且与全局中人所取定的一组策略有关。所以，一局博弈结束时每个局中人的"得失"是全体局中人所取定的一组策略的函数，通常称为支付函数。7.次序：各博弈方的决策有先后之分，且一个博弈方要做不止一次的决策选择，就出现了次序问题；其他要素相同次序不同，博弈就不同。8.博弈涉及均衡：均衡是平衡的意思，在经济学中，均衡意即相关量处于稳定值。在供求关系中，某一商品市场如果在某一价格下，想以此价格买此商品的人均能买到，而想卖的人均能卖出，此时我们就说，该商品的供求达到了均衡。所谓纳什均衡，它是一稳定的博弈结果。

博弈论不仅仅存在于数学的运筹学中，也在经济学中占据越来越重要的地位。博弈论的应用领域十分广泛，在经济学、政治科学、军事战略问题、进化生物学以及当代的计算机科学等领域都已成为重要的研究和分析工具。此外，它还与会计学、统计学、数学基础、社会心理学以及诸如认识论与伦理学等哲学分支有重要联系。实际上，博弈论甚至在我们的工作和生活中无处不在！在工作中，与上司博弈，也在与下属博弈，同样也会跟其他相关部门人员博弈；而要开展业务，在同客户以及竞争对手博弈。在生活中，博弈仍然无处不在。博弈论代表着一种全新的分析方法和全新的思想。诺贝尔经济学奖获得者包罗·萨缪尔逊如是说："要想在现代社会做个有价值的人，你就必须对博弈论有个大致的了解。"也可以这样说，要想赢得生意，不可不学博弈论；要想赢得生活，同样不可不学博弈论。

《博弈圣经》中也说到："21世纪，应站在博弈论的前沿。尽管博弈经济学家很少，但其获诺贝尔奖的比例最高。最能震动人类情感的是博弈，对未来最有影响力的还是博弈。评论一个人和一个国家的穷富，就看他分享博弈真理的多少。"

数学链接 SHU XUE LIAN JIE

囚徒困境博弈

在博弈论中，含有占优战略均衡的一个著名例子是由塔克给出的"囚徒困境"博弈模型。该模型用一种特别的方式为我们讲述了一个警察与小偷的故事。假设有两个小偷A和B联合犯事、私入民宅被警察抓住。警方将两人分别置于不同的两个房间内进行审讯，对每一个犯罪嫌疑人，警方给出的政策是：如果两个犯罪嫌疑人都坦白了罪行，交出了赃物，于是证据确凿，两人都被判有罪，各被判刑8年；如果只有一个犯罪嫌疑人坦白，另一个人没有坦白而是抵赖，则以妨碍公务罪（因已有证据表明其有罪）再加刑2年，而坦白者有功被减刑8年，立即释放。如果两人都抵赖，则警方因证据不足不能判两人的偷窃罪，但可以私入民宅的罪名将两人各判入狱1年。对A来说，尽管他不知道B做何选择，但他知道无论B选择什么，他选择"坦白"总是最优的。显然，根据对称性，B也会选择"坦白"，结果是两人都被判刑8年。但是，倘若他们都选择"抵赖"，每人只被判刑1年。所以，两人抵赖是帕累托最优的，因为偏离这个行动选择组合的任何其他行动选择组合都至少会使一个人的境况变差。不难看出，"坦白"是任一犯罪嫌疑人的占优战略，而都坦白是一个占优战略均衡。

最小的自然数和一位数

"0"与"1"的争议

自然数就是用以计量事物的件数或表示事物次序的数,即用数码0、1、2、3、4、……所表示的数。自然数由0开始(包括0),一个接一个,组成一个无穷集体。自然数集有加法和乘法运算,两个自然数相加或相乘的结果仍为自然数,也可以作减法或除法,但相减和相除的结果未必都是自然数,所以减法和除法运算在自然数集中并不是总能成立的。自然数是人们认识的所有数中最基本的一类,为了使数的系统有严密的逻辑基础,19世纪的数学家建立了自然数的两种等价的理论,自然数的序数理论和基数理论,使自然数的概念、运算和有关性质得到严格的论述。

自然数是在人类的生产和生活实践中逐渐产生的。人类认识自然数的过程是相当长的。在远古时代,人类在捕鱼、狩猎和采集果实的劳动中产生了计数的需要。起初人们用手指、绳结、刻痕、石子或木棒等实物来计数。例如:表示捕获了3只羊,就伸出3个手指;用5个小石子表示捕捞了5条鱼;一些人外出捕猎,出去1天,家里的人就在绳子上打1个结,用绳结的个数来表示外出的天数。这样经过较长时间,随着生产和交换的不断增多以及语言的发展,渐渐地把数从具体事物中抽象出来,先有数目1,以后逐次加1,得到2、3、4……这样逐渐产生和形成了自然数。因此,可以把自然数定义为,在数物体的时候,用来表示物体个数的1、2、3、4、5、6……叫做自然数。自然数的单位是"1",任何自然数都是由若干个"1"组成的。

毕达哥拉斯学派将自然数分成许多类型:奇数,偶数;素数,合数;完全数,亲和数,三角数,五角数,平方数。序数理论是意大利数学家G.皮亚诺提出来的。他总结了自然数的性质,用公理法给出自然数的如下定义:自然数集N是指满足以下条件的集合:①N中有一个元素,记作1。②N中每一个元素都能在N中找到一个元素作为它的后继者。③1是0的后继者。④0不是任

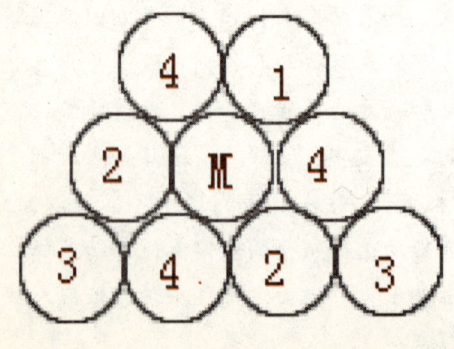

数学习题

何元素的后继者。⑤不同元素有不同的后继者。⑥（归纳公理）N 的任一子集 M，如果 1∈M，并且只要 x 在 M 中就能推出 x 的后继者也在 M 中，那么 M=N。基数理论则把自然数定义为有限集的基数，这种理论提出，两个可以在元素之间建立一一对应关系的有限集具有共同的数量特征，这一特征叫做基数。这样，所有单元素集 {x}，{y}，{a}，{b} 等具有同一基数，记 1。类似地凡能与两个手指头建立一一对应的集合，它们的基数相同，记作 2，等等。自然数的加法、乘法运算可以在序数或基数理论中给出定义，并且两种理论下的运算是一致的。

自然数在日常生活中起了很大的作用，人们广泛使用自然数。自然数是人类历史上最早出现的数，自然数在计数和测量中有着广泛的应用。人们还常常用自然数来给事物标号或排序，如城市的公共汽车路线、门牌号码、邮政编码等。自然数是整数，但整数不全是自然数，例如：-1、-2、-3……是整数而不是自然数。自然数是无限的。全体非负整数组成的集合称为非负整数集（即自然数集）。在数物体的时候，数出的 1、2、3、4、5、6、7、8、9……叫自然数。自然数有数量、次序两层含义，分为基数、序数。基本单位是 1，计数单位是个、十、百、千、万……。

"0" 是否包括在自然数之内存在争议，有人认为自然数为正整数，即从 1 开始算起；而也有人认为自然数为非负整数，即从 0 开始算起。目前关于这个问题尚无一致意见。不过，在数论中，多采用前者；在集合论中，则多采用后者。国外的数学界大部分都规定 0 是自然数。为了国际交流的方便，1993 年颁布的《中华人民共和国国家标准》《量和单位》规定自然数包括 0。理所应当的，最小的自然数便是 0。

0 是最小的自然数，那么最小的一位数是"1"还是"0"？在 0 没有归入自然数以前大家很清楚，最小的一位数是 1。那么，现在 0 也成为自然数了，最小的一位数还是 1 吗？这是许多教师提出的疑问，笔者认为最小的一位数还是 1。因为，0 表示一个物体也没有，在计数法中是表示空位的一个符号，如 3005 里"0"就分别表示这个数的十位、百位都是空位。这次调整虽然将"0"划归自然数，然而对几位数的概念并没改变。关于"几位数"是这样定义的"只用一个有效数字表示的数，叫做一位数，只用两个有效数字，其中左边第一个数字是有效数字来表示的数就叫做两位数……"假设 0 也算作一位数的话，那么最小的两位数是"10"还是"00"呢？那么最小的三位数、四位数……又是多少呢？所谓最大的几位数，

```
 1  2  5 10 17 26
 |  |  |  |  |  |
 4- 3  6 11 18 27
       |  |  |  |
    9- 8- 7 12 19 28
             |  |  |
         16-15-14-13 20 29
                     |  |
         25-24-23-22-21 30
                        |
         36-35-34-33-32-31
```

自然数的规则排列

```
            1
          3   5
        7   9   11
     13  15  17  19
   21  23  ( )  27  29
 31  33  35  ( )  39  41
```

数的规律

最小的几位数，通常也是在非零自然数有范围来说。所以，最大一位数是9，最小一位数是1；最大两位数是99，最小两位数是10；最大三位数是999，最小三位数是100……"综上所述，"0"虽然是最小的自然数，但仍然不能称为"一位数"，更不能称为最小的一位数了。

数学链接 SHU XUE LIAN JIE　**数学链接** SHU XUE LIAN JIE　**数学链接** SHU XU

规矩数

规矩数，又称可造数，是指可用尺规作图方式作出的实数。在给定单位长度的情形下，若可以用尺规作图的方式作出长度为 a 的线段，则 a 就是规矩数。规矩数的"规"和"矩"分别表示圆规及直尺，两个尺规作图的重要元素。利用尺规作图可以将两线段的长度进行四则运算，也可以求出一线段长度的平方根。因此符合以下任一条件的均为规矩数：整数；所有有理数；规矩数 a 的平方根、四次方根、八次方根等 $2n$ 次方根；有限个规矩数相加、相减、相乘、相除（除数不得为0）的结果。圆周率 π、e 均不是规矩数。因为两个规矩数在相加、减、乘或除之后依然是规矩数，即规矩数对这些算法是闭合的；换用抽象代数的术语，它是一个域。

数学故事

话说星期

| 不同国家的时间划分 |

星期,又称作周或礼拜,是一个时间单位。一个星期为7天。星期制的老祖宗,在东方的古巴比伦和古犹太国一带,犹太人把它传到古埃及,又由古埃及传到罗马,公元3世纪以后,就广泛地传播到欧洲各国。明朝末年,基督教传入我国的时候,星期制也随之传入。

阿卡德国王萨贡一世征服了苏默各城之后,他设立7天的星期系统。这是有史记载的最早的星期的记录。乌尔城邦在萨贡征服之前已经使用星期系统了,苏美尔人在时间上是伟大的创新者。我们今天使用的星期制度就是他们确立的,但是,为什么苏美尔人的星期系统不但流传下来,而且全世界通用?它的统治范围包括古代和现代的巴比伦、希腊、罗马、印度、穆斯林地区和现代的欧洲、美洲。甚至中国,也在1000多年前就"投降"了。年、月、日是时间的自然划分,星期就有点怪异了。苏美尔人使用7进制的理由是他们崇拜天上的7个神,并用这7个天神的名字来命名星期中的7天。对苏美尔人自己来说,7是一个很特别的数字。他们认为生活是一棵有着7个分权的树,有7重天。他们还认为第7天代表危险和黑暗,在这一天做任何事情都很危险。所以,这一天就成为了休息日。苏美尔人7天1个星期的概念,后来被圣经的《创世纪》借鉴。2000多年前,星期的概念进入印度,但是印度的创世纪故事比希伯来的要复杂很多,他们也没有接受安息日的概念。印度人是敏锐的天象学家,他们很早就注意到大熊星座的7星,他们用洪灾之后余生的7圣人为7星命名。然而,他们还是愉快地采用了苏美尔人星期系统中的7个天神。在世界的其他地方,新名字代替了那些古老的神和行星。然而,它们保持着令人惊讶的一致性——保留了原来星期系统中的次序。

公元前7~6世纪,巴比伦人便有了星期制。他们把一个月分为4周,每周有7天,即一个星期。古巴比伦人建造七星坛祭祀星神。七星坛分7层,每层有一个星神,从上到下依次为日、月、火、水、木、金、土7个神。7神每周

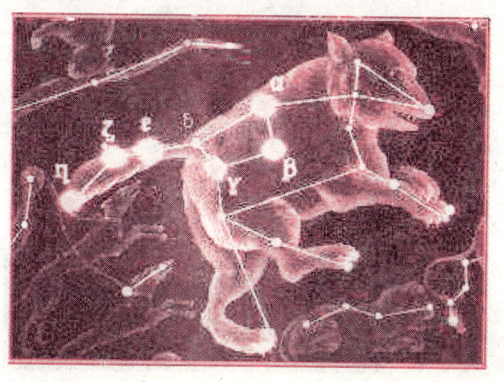

大熊星座

各主管一天,因此每天祭祀一个神,每天都以一个神来命名:太阳神沙马什主管星期日,称日曜日;月亮神辛主管星期一,称月曜日;火星神涅尔伽主管星期二,称火曜日;水星神纳布主管星期三,称水曜日;木星神马尔都克主管星期四,称木曜日;金星神伊什塔尔主管星期五,称金曜日;土星神尼努尔达主管星期六,称土曜日。

在我国上古时代,古人就以日、月与金、木、水、火、土五大行星为七曜,亦作七耀。东晋范宁《□梁传序》中就有七曜为之"盈宿"的记载。在8世纪前后通过摩尼教的传入,使中国有了星期的观念,并以"七曜"来分别命名。在我国古代,也有一种跟星期类似的表示日期的方式。在距今3700年前的商朝,对农历进行了修订。修订后的农历,平年12个月,大月30天,小月29天,闰年增加一个月。同时为了方便,把一个月分为4周,大月中有两周是7天,两周是8天;小月中有三周是7天,一周是8天。由于这样的周期符合月亮的圆缺变化(即朔—上弦—望—下弦—朔……),所以将其称为"星期"。到了汉武帝时期,这样的周期被定为制定工作日、休息日的依据,并且每天也有了自己的名称。称7天的星期为"平周",8天的星期为"闰周"。"平周"前6天为工作日(依次称为星期一、星期二、星期三、星期四、星期五、星期六),第七天为休息日(称为星期日);"闰周"前6天为工作日(名称同"平周"),后2天为休息日(依次称为星期日、闰星期日)。到了两晋南北朝时期,这种制度有了变动:置闰不再以月份为框架,每3400个星期中设1301个"闰周",闰日的安排也有一定的变动,闰日放在星期几之后就叫闰星

中国古代历法

数学故事

北欧神话中的女神弗蕾亚

代祭祀主神奥丁的日子是古英语对奥丁的称呼。星期四：取自北欧神话中的雷神托尔，这是古日耳曼人一星期中最神圣的一天，会议通常在这天举行，且议员中午前未出现，就会被取消资格，所以托尔也是会议的守护神。星期五：来自古英语，指的是女神弗蕾亚之日，或说是奥丁之妻弗丽嘉。不过也有人认为两位女神有可能是同一人。星期六：取自罗马神话中的农神，这是唯一和北欧神话无关的。

多数欧洲国家都以星期一为一星期的第一天，中国大陆习惯上也认为星期一是开始时间，越来越多的英文字典也开始以星期一定义为一星期的第一天，否则周末这个字就很难说得通。

按照现在实行的国际标准，星期一为一星期的第一天。

期几。在"闰周"中，若闰日是"闰星期日"则为休息日，否则为工作日。

北欧神话影响西方的习俗深远，其中星期的由来就有很大的关联。星期日：取自太阳。古日耳曼民族祭祀太阳的日子。星期一：取自月亮。是盎格鲁——萨克逊人的月亮之日。星期二：是以战神之名而定。星期三：这个名字来自古

数学链接 SHU XUE LIAN JIE **数学链接** SHU XUE LIAN JIE **数学链接** SHU XU

星期制

星期制以7天为周期循环计日。"星期"的概念体现了不同民族的文化的奇特结合。以七天为周期划分时间，最初大概是来源于对月亮的观察。月亮是夜空中最引人注目的天象。古人很早就发现朔望周期。一个朔望月约有29.5天，朔时看不到月亮的时间大约为1天，其余28天中都能见到月亮。古人为了短期记日，把见月的28天四等分，似乎就是顺理成章的事了。第一次给7天中的每一天以专门名称的是巴比伦人，他们以当时所能看到的主要天体来命名它们。太阳最使人们关注，它被用来命名7天中的第一天；月亮次之，然后顺序是火星、水星、木星、金星和土星。所谓星期，顾名思义，指的是星星到来的日期。就是说，知道了某一天的代号的星，便可知道它是哪一天。

出入相补原理的证明

| 多角形面积的求解 |

出入相补原理是指:一个平面图形从一处移置他处,面积不变。若把图形分割成若干块,那么各部分面积的和等于原来图形的面积,因而图形移置前后诸面积间的和、差有简单的相等关系。立体的情形也是这样。

我国古代几何学不仅有悠久的历史、丰富的内容、重大的成就,而且是一个具有我国自己的独特风格的体系,和西方的欧几里得体系不同。这一几何体系的全貌还有待于发掘清理,田亩丈量和天文观测是我国几何学的主要起源,二者导出面积问题和勾股测量问题,计算容积、土建工程又导出体积问题。我国古代几何学的特色之一是,依据这些方面的经验成果,总结提高成一个简单明白、看起来似乎微不足道的一般原理——出入相补原理,并且把它应用到形形色色多种多样的不同问题上去。

应用出入相补这一原理,容易得出三角形面积等于高底相乘积的一半这一通常的公式,由此拟定任意多角形的面积。

明末耶稣会传教士利玛窦来我国,他的主要学术工作之一是介绍欧几里得几何体系。他曾口授《测量法义》一书,其中载有和海岛题完全类似的一题。在他所作的证明中,需要另外附加一个条件,然后再用比例理论作证。按常理来说,利玛窦应该作平行线,但是他一反欧几里得惯例而和我国古代传统不谋而合,颇使人迷惑不解。

在《周髀算经》和《九章算术》中,都已经明确给出了勾股定理的一般形式:勾^2+股^2=弦^2。虽然原证不传,但是据《勾股定理说》以及《刘徽九章算术注》,都依出入相补原理证明,并且有遗留到现在可以用来作证的赵爽残图。欧几里得《几何原本》中勾股定理的证明,其中要先证有关三角形全等以及三角形面积的一

欧几里得

数学故事

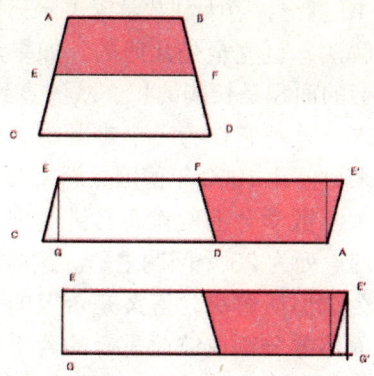

出入相补原理求等边梯形面积的图示

些定理，为此要作不少准备工作，因而在《几何原本》中直到卷一之末出现这一定理，而在整个《几何原本》中几乎没有用到。而在我国，勾股定理在《九章算术》中已经有多种多样的应用，成为2000年来数学发展的一个重要的出发点。

在东西方的古代几何体系中，勾股定理所占的地位是颇不相同的。勾、股、弦和它们之间的和差共九个数，只须知道其中的两个就可以求得其他几个。除勾、股、弦互求就是开方之外，《九章算术》勾股章中有不少这方面的问题：第一，知股弦差、勾，求股、弦（五题）；第二，知勾股差、弦，求勾、股（一题）；第三，知股弦差、勾弦差，求勾、股、弦（一题）；除了证明，公式的来历和证明的方法都依据出入相补原理，有的也用比例作别证。事实上，《周髀算经》中已经给出了若干具体数目的平方根，而在《九章算术》中，更详细说明了开平方的具体方法步骤。这一方法的根据是几何的，就是出入相补原理。

我国开平立方法来源很古，它的几何本质十分清晰，而且从方法上可以看出我国独有而世界古代其他民族所无的位置制计数法的高度优越性。不仅这样，到11世纪中叶，我国就已经把开平立方法推广到开任何高次幂，就是所谓"增乘开方法"，并且出现了有关的二项式定理系数表，就是所谓"开方作法本源图"。从这一方法的几何渊源看来，如果说当时我国数学家已经有高维方体和高维几何的雏影，似乎不是全无根据的。

宋元时期明确引入了未知数的概念。如果以 x（当时称为天元一）表长方形阔，那么刚才的问题相当于解一个二次方程 $x^2+ax=b$，其中 a 相当于从法，b 相当于实。所以在古代实质上已经给出了这一形式二次方程（a，b 都是正数）的近似解和精确解，前者在宋元时期发展为求任意高次方程的数值解法，后者虽文献散佚不可查考，但是据唐初王孝通的著作以及史书关于祖冲之的引述看来，不能排除我国曾经对三次方程用几何方法求得精确表达的可能性。在其他各国，公元9世纪的时候，阿拉伯数学家花拉子米的代数学名著中列举了各种类型二次方程的精确解法，它的方法是几何的，它的精神实质和出入相补原理颇相类似。

开方作法本源图

公元16世纪，意大利数学家关于三次方程的解法，也完全是几何的。如果规定长方形的面积是长阔的积，欧洲直到19世纪末，才把它作为一个难题明确地提了出来。公元1900年德国数学家希尔伯特在国际数学会上所作著名讲演中，把体积理论列为23个问题之一。这一问题立即为德恩所解决，答案是否定的：两个多面体要分割成彼此重合的若干多面体，必须满足某些条件，通称德恩条件。

自此以后直到1965年，一位瑞士数学家西德勒才证明了德恩条件也是充分的。但是决不能认为问题已经彻底解决。从希尔伯特直到至今，多面体体积理论仍不断成为一些知名数学家研讨的课题。德恩条件叙述复杂，也难认为是合宜的最后形式。

利玛窦

数学链接 SHU XUE LIAN JIE

《周髀算经》

《周髀算经》是算经的十书之一，约成书于公元前1世纪，原名《周髀》，它是我国流传至今的一部最早的数学著作，同时也是一部天文学著作。唐初规定它为国子监明算科的教材之一，故改名《周髀算经》。《周髀算经》在数学上的主要成就是介绍了勾股定理及其在测量上的应用。原书没有对勾股定理进行证明，其证明是三国时东吴人赵爽在《周髀注》一书的《勾股圆方图注》中给出的。在《周髀算经》中还有开平方的问题，等差级数的问题，使用了相当繁复的分数算法和开平方法，以及应用于古代的"四分历"计算的相当复杂的分数运算，还有相当繁杂的数字计算和勾股定理的应用。

数学故事

非欧几何存在的价值
| 不可思议的几何 |

非欧几何是一门大的数学分支,一般来讲,他有广义、狭义、通常意义这三个方面的不同含义。所谓广义式泛指一切和欧几里得几何不同的几何学,狭义的非欧几何只是指罗氏几何来说的,至于通常意义的非欧几何,就是指罗氏几何和黎曼几何这两种几何。欧几里得的《几何原本》提出了五条公设,长期以来,数学家们发现第五公设和前四个公设比较起来,显得文字叙述冗长,而且也不那么显而易见。

非欧几何是人类认识史上一个富有创造性的伟大成果,它的创立,不仅带来了近百年来数学的巨大进步,而且对现代物理学、天文学以及人类时空观念的变革都产生了深远的影响。不过,这一重要的数学发现在罗巴切夫斯基提出后相当长的一段时间内,不但没能赢得社会的承认和赞美,反而遭到种种歪曲、非难和攻击,使非欧几何这一新理论迟迟得不到学术界的公认。罗巴切夫斯基是在尝试解决欧氏第五公设问题的过程中,从失败走上他的发现之路的。在《几何原本》中可以不依靠第五公设而推出前28个命题。因此,一些数学家提出,第五公设能不能不作为公设,而作为定理;能不能依靠前四个公设来证明第五公设;这就是几何发展史上最著名的,争论了长达两千多年的关于"平行线理论"的讨论。

到了19世纪20年代,俄国喀山大学教授罗巴切夫斯基在证明第五公设的过程中,走了另一条路子。他提出了一个和欧式平行公理相矛盾的命题,用它来代替第五公设,然后与欧氏几何的前四个公设结合成一个公理系统,展开一系列的推理。他认为如果以这个系统为基础的推理中出现矛盾,就等于证明了第五公设。这其实就是数学中的反证法。但是,在他极为细致深入的推理过程中,得出了一个又一个在直觉上匪夷所思,但在逻辑上毫无矛盾的命题。最后,罗巴切夫斯基得出两个重要的结论:第一,第五公设不能被证明。第二,在新的公理体系中展开的一连串推理,得到了一系列在逻辑上无矛盾的新的定理,并形成了新的理论。这个理论像欧氏几何一样是完善的、严密的几何学。这种几何学被称为罗巴切夫斯基几何,简称罗氏几何。这是第一个被提出的非欧几何学。

黎曼

罗巴切夫斯基

从罗巴切夫斯基创立的非欧几何学中,可以得出一个极为重要的、具有普遍意义的结论:逻辑上互不矛盾的一组假设都有可能提供一种几何学。几乎在罗巴切夫斯基创立非欧几何学的同时,匈牙利数学家鲍耶·雅诺什也发现了第五公设不可证明和非欧几何学的存在。鲍耶在研究非欧几何学的过程中也遭到了家庭、社会的冷漠对待。他的父亲——数学家鲍耶·法尔卡什认为研究第五公设是耗费精力劳而无功的蠢事,劝他放弃这种研究。但鲍耶·雅诺什坚持为发展新的几何学而辛勤工作。终于在1832年,在他的父亲的一本著作里,以附录的形式发表了研究结果。

那个时代被誉为"数学王子"的高斯也发现第五公设不能证明,并且研究了非欧几何。但是高斯害怕这种理论会遭到当时教会力量的打击和迫害,不敢公开发表自己的研究成果,只是在书信中向自己的朋友表示了自己的看法,也不敢站出来公开支持罗巴切夫斯基、鲍耶他们的新理论。

罗氏几何学的公理系统和欧氏几何学不同的地方仅仅是把欧式几何平行公理用"从直线外一点,至少可以做两条直线和这条直线平行"来代替,其他公理基本相同。由于平行公理不同,经过演绎推理却引出了一连串和欧氏几何内容不同的新的几何命题。罗氏几何除了一个平行公理之外采用了欧式几何的一切公理。因此,凡是不涉及平行公理的几何命题,在欧氏几何中如果是正确的,在罗氏几何中也同样是正确的。在欧氏几何中,凡涉及到平行公理的命题,在罗氏几何中都不成立,他们都相应地含有新的意义。但是,数学家们经过研究,提出可以用人们习惯的欧氏几何中的事实做一个直观"模型"来解释罗氏几何是正确的。1868年,意大利数学家贝特拉米发表了一篇著名论文《非欧几何解释的尝试》,证明非欧几何可以在欧几里得空间的曲面(例如拟球曲面)上实现。这就是说,非欧几何命题可以"翻译"成相应的欧几里得几何命题,如果欧几里得几何没有矛盾,非欧几何也就自然没有矛盾。人们既然承认欧几里是没有矛盾的,所以也就自然承认非欧几何没有矛盾了。直到这时,长期无人问津的非欧几何才开始获得学术界的普遍注意和深入研究,罗巴切夫斯基的独创性研究也就由此得到学术界的高度评价和一致赞美,他本人则被人们赞誉为"几何学中的哥白尼"。

欧氏几何与罗氏几何中关于结合公理、顺序公理、连续公理及合同公理都是相同的,只是平行公理不一样。欧式几何讲"过直线外一点有且只有一条直线与已知直线平行"。罗氏几何讲"过直线外一点至少存在两条直线和已知直线平行"。那么是否存在这样的几何"过直线外一点,不能做直线和已知直线平行"?黎曼几何就回答了这个问题。

黎曼几何是德国数学家黎曼创立的。他在1851年所作的一篇论文《论几何学作为基础的假设》中明确地提出另一种几何学的存在，开创了几何学的一片新的广阔领域。黎曼几何中的一条基本规定是：在同一平面内任何两条直线都有公共点（交点）。在黎曼几何学中不承认平行线的存在，它的另一条公设讲道：直线可以无限延长，但总的长度是有限的。黎曼几何的模型是一个经过适当"改进"的球面。近代黎曼几何在广义相对论里得到了重要的应用。在物理学家爱因斯坦的广义相对论中的空间几何就是黎曼几何。在广义相对论里，爱因斯坦放弃了关于时空均匀性的观念，他认为时空只是在充分小的空间里以一种近似性而均匀的，但是整个时空却是不均匀的。在物理学中的这种解释，恰恰是和黎曼几何的观念相似的。此外，黎曼几何在数学中也是一个重要的工具。它不仅是微分几何的基础，也应用在微分方程、变分法和复变函数论等方面。

欧氏几何、罗氏几何、黎曼几何是三种各有区别的几何。这三种几何各自所有的命题都构成了

老年高斯

一个严密的公理体系，各公理之间满足和谐性、完备性和独立性。因此这三种几何都是正确的。在人们这个不大不小、不远不近的空间里，也就是在人们的日常生活中，欧氏几何是适用的；在宇宙空间中或原子核世界，罗氏几何更符合客观实际；在地球表面研究航海、航空等实际问题中，黎曼几何更准确一些。

数学链接 SHU XUE LIAN JIE

《几何原本》

《几何原本》是由古希腊数学家欧几里得编著，大约成书于公元前300年左右。《几何原本》是一部划时代的著作，是最早用公理法建立起演绎数学体系的典范。它从少数几个原始假定出发，通过严密的逻辑推理，得到一系列的命题，从而保证了结论的准确可靠。《几何原本》的原著有13卷，共包含有23个定义、5个公设、5个公理、286个命题。《几何原本》是古希腊数学的代表作，出现在两千多年前，这是难能可贵的。但用现代的眼光看，也还有不少缺陷。主要是公理系统不完备，许多证明不得不借助于直观；有些定义本身含混不清等等。尽管如此，《几何原本》开创了数学公理化的正确道路，对整个数学的影响，超过了历史上的任何其他著作。

拓扑学的由来

不量尺寸的几何

几何拓扑学是19世纪形成的一门数学分支,它属于几何学的范畴。有关拓扑学的一些内容早在18世纪就出现了。那时候发现一些孤立的问题,后来在拓扑学的形成中占着重要的地位。

在数学上,关于哥尼斯堡七桥问题、多面体的欧拉定理、四色问题等都是拓扑学发展史的重要问题。哥尼斯堡是东普鲁士的首都,普莱格尔河横贯其中。18世纪在这条河上建有七座桥,将河中间的两个岛和河岸联结起来。人们闲暇时经常在这上边散步,一天有人提出:能不能每座桥都只走一遍,最后又回到原来的位置。这个看起来很简单又很有趣的问题吸引了大家,很多人在尝试各种各样的走法,但谁也没有做到。看来要得到一个明确、理想的答案还不那么容易。

1736年,有人带着这个问题找到了

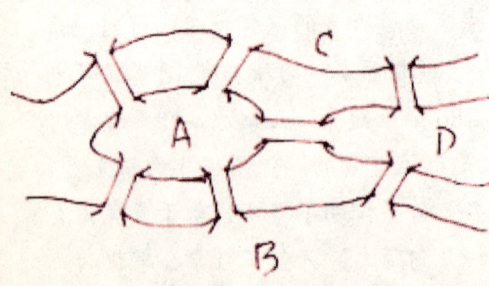

哥尼斯堡七桥问题

当时的大数学家欧拉,欧拉经过一番思考,很快就用一种独特的方法给出了解答。欧拉首先把这个问题简化,他把两座小岛和河的两岸分别看作四个点,而把七座桥看作这四个点之间的连线。那么这个问题就转化成,能不能用一笔就把这个图形画出来。经过进一步的分析,欧拉得出结论——不可能每座桥都走一遍,最后回到原来的位置,并且给出了所有能够一笔画出来的图形所应具有的条件。这是拓扑学的"先声"。

在拓扑学的发展历史中,还有一个著名而且重要的关于多面体的定理也和欧拉有关。这个定理内容是:如果一个凸多面体的顶点数是 v、棱数是 e、面数是 f,那么它们总有这样的关系:$f+v-e=2$。根据多面体的欧拉定理,可以得出这样一个有趣的事实:只存在五种正多面体。它们是正四面体、正六面体、正八面体、正十二面体、正二十面体。上面的几个例子所讲的都是一些和几何图形有关的问题,但这些问题又与传统的几何学不同,而是一些新的几何概念。

拓扑学的英文名是 Topology,直译是地志学,也就是和研究地形、地貌相类似的有关学科。我国早期曾经翻译成"形势几何学"、"连续几何学"、"一对一的连续变换群下的几何学",但是,这几种译名都不大好理解,1956年统一的《数学名词》把它确定为拓扑学,这是按音译过来的。拓扑学是几何学的一个分支,但是这种几何学又和通常的平面几何、立体几何不同。通常的平面几何或立体几何研究的对象是点、线、面之间的位置关系以及它们的度量性质。拓扑学对于研究对象的长短、大小、面积、体积等度量性质和数量关系都无关。举例来说,在通常的平面几何里,把平面上的一个图形搬到另一个图形上,如果完全重合,那么这两个图形叫做全等形。但是,在拓扑学里所研究的图形,在运动中无论它的大小或者形状,都发生变化。在拓扑学里没有不能弯曲的元素,每一个图形的大小、形状都可以改变。例如,前面讲的欧拉在解决哥尼斯堡七桥问题的时候,他画的图形就不考虑它的大小、形状,仅考虑点和线的个数。这些就是拓扑学思考问题的出发点。

拓扑性质有哪些呢?首先我们介绍拓扑等价,这是比较容易理解的一个拓扑性质。在拓扑学里不讨论两个图形全等的概念,但是讨论拓扑等价的概念。比如,尽管圆和方形、三角形的形状、大小不同,在拓扑变换下,它们都是等价图形。

拓扑变换图形

上图的三样东西就是拓扑等价的,换句话讲,就是从拓扑学的角度看,它们是完全一样的。在一个球面上任选一些点用不相交的线把它们连接起来,这样球面就被这些线分成许多块。在拓扑变换下,点、线、块的数目仍和原来的数目一样,这就是拓扑等价。一般地说,对于任意形状的闭曲面,只要不把曲面撕裂或割破,他的变换就是拓扑变换,就存在拓扑等价。应该指出,环面不具有这个性质。比如像左图那样,把环面切开,它不至于分成许多块,只是变成一个弯曲的圆桶形,对于这种情况,我们就说球面不能拓扑的变成环面。所以球面和环面在拓扑学中是不同的曲面。直线上的点和线的结合关系、顺序关系,在拓扑变换下不变,这是拓扑性质。在拓扑学中曲线和曲面的闭合性质也是拓扑性质。我们平时讲的平面、曲面通常有两个面,就像一张纸有两个面一样。但德国数学家麦比乌斯在1858年发现了麦比乌斯曲面。这种曲面就不能用不同的颜色来涂满两个侧面。拓扑变换的不变性、不变量还有很多。

拓扑学建立后,由于其他数学学科的发展需要,它也得到了迅速的发展。特别是黎曼创立黎曼几何以后,他把拓扑学概念作为分析函数论的基础,更加促进了拓扑学的进展。20世纪以来,集合论被引进了拓扑学,为拓扑学开拓了新的面貌。拓扑学的研究就变成了关于任意点集的对应的概念。拓扑学中一些需要精确化描述的问题都可以应用集合来论述。因为大量自然现象具有连续性,所以拓扑学具有广泛联系各种实际事物的可能性。通过拓扑学的研究,可以阐明空间的集合结构,从而掌握空间之间的函数关系。20世纪30年代以后,数学家对拓扑学的研究更加深入,提出了

陈省身

局联系的情况，因此，这两门学科应该存在某种本质的联系。1945年，美籍中国数学家陈省身建立了代数拓扑和微分几何的联系，并推进了整体几何学的发展。

拓扑学发展到今天，在理论上已经十分明显地分成了两个分支。一个分支是偏重于用分析的方法来研究的，叫做点集拓扑学，或者叫做分析拓扑学。另一个分支是偏重于用代数方法来研究的，叫做代数拓扑。现在，这两个分支又有统一的趋势。拓扑学在泛函分析、李群论、微分几何、微分方程和其他许多数学分支中都有广泛的应用。

许多全新的概念。比如，一致性结构概念、抽象距概念和近似空间概念等等。有一门数学分支叫做微分几何，是用微分工具来研究曲线、曲面等在一点附近的弯曲情况，而拓扑学是研究曲面的全

数学链接 SHU XUE LIAN JIE　　数学链接 SHU XUE LIAN JIE　　数学链接 SHU XU

代数拓扑

代数拓扑是使用抽象代数的工具来研究拓扑空间的数学分支。代数拓扑的经典应用包括：布劳威尔不动点定理，每个从 n 维圆盘到自身的连续映射存在一个不动点；n 维球面可以有一个无处为 0 的连续单位向量场当且仅当 n 是奇数（对于 $n=2$，有时被称为"毛球定理"）；博苏克·乌拉姆定理，任何从 n 维球面到欧氏 n 维空间的映射至少将一对对角点映射到同一点；任何自由群的子群是自由的。代数拓扑中最著名的几何问题是庞加莱猜想。它已经由汉密尔顿，格里戈里·佩雷尔曼等数学家们解决（庞加莱定理）。同伦理论领域包含了很多悬疑，最著名的有表述球面的同伦群的正确方式。

数理逻辑的兴起

数学符号化的扩充

逻辑是探索、阐述和确立有效推理原则的学科,最早由古希腊学者亚里士多德创建的。用数学的方法研究关于推理、证明等问题的学科就叫做数理逻辑。

利用计算的方法来代替人们思维中的逻辑推理过程,这种想法早在17世纪就有人提出过。莱布尼茨就曾经设想过能不能创造一种"通用的科学语言",可以把推理过程像数学一样利用公式来进行计算,从而得出正确的结论。由于当时的社会条件,他的想法并没有实现。但是它的思想却是现代数理逻辑部分内容的萌芽,从这个意义上讲,莱布尼茨的思想可以说是数理逻辑的先驱。1847年,英国数学家布尔发表了《逻辑的数学分析》,建立了"布尔代数",并创造一套符号系统,利用符号来表示逻辑中的各种概念。布尔建立了一系列的运算法则,利用代数的方法研究逻辑问题,初步奠定了数理逻辑的基础。19世纪末20世纪初,数理逻辑有了比较大的发展,1884年,德国数学家弗雷格出版了《数论的基础》一书,在书中引入量词的符号,使得数理逻辑的符号系统更加完备。对建立这门学科做出贡献的,还有美国人皮尔斯,他也在著作中引入了逻辑符号。从而使现代数理逻辑最基本的理论基础逐步形成,成为一门独立的学科。

数理逻辑最基本也是最重要的组成部分,就是"命题演算"和"谓词演算"。

命题演算是研究关于命题如何通过一些逻辑连接词构成更复杂的命题以及逻辑推理的方法。命题是指具有具体意义的又能判断它是真还是假的句子。如果我们把命题看作运算的对象,如同代数中的数字、字母或代数式,而把逻辑连接词看作运算符号,就像代数中的"加、减、乘、除"那样,那么由简单命题组成复合命题的过程,就可以当作逻

乔治·布尔

辑运算的过程，也就是命题的演算。这样的逻辑运算也同代数运算一样具有一定的性质，满足一定的运算规律。例如满足交换律、结合律、分配律，同时也满足逻辑上的同一律、吸收律、双否定律、狄摩根定律、三段论定律等等。利用这些定律，我们可以进行逻辑推理，可以简化复合命题，可以推证两个复合命题是不是等价，也就是它们的真值表是不是完全相同等等。命题演算的一个具体模型就是逻辑代数。逻辑代数也叫做开关代数，它的基本运算是逻辑加、逻辑乘和逻辑非，也就是命题演算中的"或"、"与"、"非"，运算对象只有两个数0和1，相当于命题演算中的"真"和"假"。逻辑代数的运算特点如同电路分析中的开和关、高电位和低电位、导电和截止等现象完全一样，都只有两种不同的状态，因此，它在电路分析中得到广泛的应用。利用电子元件可以组成相当于逻辑加、逻辑乘和逻辑非的门电路，就是逻辑元件。还能把简单的逻辑元件组成各种逻辑网络，这样任何复杂的逻辑关系都可以由逻辑元件经过适当的组合来实现，从而使电子元件具有逻辑判断的功能。因此，在自动控制方面有重要的应用。

谓词演算也叫做命题涵项演算。在谓词演算里，把命题的内部结构分析成具有主词和谓词的逻辑形式，由命题涵项、逻辑连接词和量词构成命题，然后研究这样的命题之间的逻辑推理关系。命题涵项就是指除了含有常项以外还含有变项的逻辑公式。常项是指一些确定的对象或者确定的属性和关系；变项是指一定范围内的任何一个，这个范围叫做变项的变域。命题涵项和命题演算不同，它无所谓真和假。如果以一定的对象概念代替变项，那么命题涵项就成为真的或假的命题了。命题涵项加上全称量词或者存在量词，那么它就成为全称命题或者特称命题了。

数理逻辑这门学科建立以后，发展比较迅速，促进它发展的因素也是多方面的。比如，非欧几何的建立，促进人们去研究非欧几何和欧氏几何的无矛盾性，就促进了数理逻辑的发展。

集合论的产生是近代数学发展的重大事件，但是在集合论的研究过程中，出现了一次称作数学史上的第三次大危机。这次危机是由于发现了集合论的悖论引起的。什么是悖论呢？悖论就是逻辑矛盾。集合论本来是论证很严格的一个分支，被公认为是数学的基础。

1903年，英国唯心主义哲学家、逻辑学家、数学家罗素却对集合论提出了以他名字命名的"罗素悖论"，这个悖论的提出几乎动摇了整个数学基础。悖论的提出，促使许多数学家去研究集合论的无矛盾性问题，从而产生了数理逻辑的一个重要分支——公理集合论。非欧几何的产生和集合论的悖论的发现，说明数学本身还存在许多问题，为了研究数学系统的无矛盾性问题，需要以数学理论体系的概念、命题、证明等作为研究对象，研究数学系

弗雷格

数学故事·

莱布尼茨

数理逻辑新近还发展了许多新的分支，如递归论、模型论等。递归论主要研究可计算性的理论，它和计算机的发展和应用有密切的关系。模型论主要是研究形式系统和数学模型之间的关系。

数理逻辑发展特别迅速，主要原因是这门学科对于数学其他分支如集合论、数论、代数、拓扑学等的发展有重大的影响，特别是对新近形成的计算机科学的发展起了推动作用。反过来，其他学科的发展也推动了数理逻辑的发展。正因为它是一门新近兴起而又发展很快的学科，所以它本身也存在许多问题有待于深入研究。现在许多数学家正针对数理逻辑本身的问题，进行研究解决。

总之，这门学科的重要性已经十分明显，他已经引起了更多人的关心和重视。

统的逻辑结构和证明的规律，这样又产生了数理逻辑的另一个分支——证明论。

数学链接 SHU XUE LIAN JIE　数学链接 SHU XUE LIAN JIE　数学链接 SHU XU

形式逻辑

形式逻辑是研究演绎推理及其规律的科学，包括对于词项和命题形式的逻辑性质的研究、思维结构的研究与必然推出的研究，它提供检验有效的推理和非有效推理的标准。它总结了人类思维的经验教训，以保持思维的确定性为核心，用一系列规则、方法帮助人们正确地思考问题和表达思想，是人们认识世界和改造世界的必要工具，是人类认识发育到一定阶段后出现思维方法。康德首先使用了这个术语。形式逻辑研究的推理中的前提和结论之间的关系，是由作为前提和结论的命题的逻辑形式决定的，而命题的逻辑形式（简称命题形式）的逻辑性质则是由逻辑常项决定的。要弄清逻辑常项的性质，系统地揭示推理规律，就要通过建立逻辑演算，进行元逻辑的研究。研究元逻辑的方法是形式化的公理方法。

运筹学的运用

科学的统筹安排

在中国战国时期，曾经有过一次流传后世的赛马比赛，相信大家都知道，这就是田忌赛马。田忌赛马的故事说明在已有的条件下，经过筹划、安排，选择一个最好的方案，就会取得最好的效果。可见，筹划安排是十分重要的。

现在普遍认为，运筹学是近代应用数学的一个分支，主要是将生产、管理等事件中出现的一些带有普遍性的运筹问题加以提炼，然后利用数学方法进行解决。前者提供模型，后者提供理论和方法。

运筹学的思想在古代就已经产生了。敌我双方交战，要克敌制胜就要在了解双方情况的基础上，做出最优的对付敌人的方法，这就是"运筹帷幄之中，决胜千里之外"的说法。但是作为一门数学学科，用纯数学的方法来解决最优方法的选择安排，却是晚多了。也可以说，运筹学是在20世纪40年代才开始兴起的一门分支。

运筹学主要研究经济活动和军事活动中能用数量来表达的有关策划、管理方面的问题。当然，随着客观实际的发展，运筹学的许多内容不但研究经济和军事活动，有些已经深入到日常生活当中去了。运筹学可以根据问题的要求，通过数学上的分析、运算，得出各种各样的结果，最后提出综合性的合理安排，以达到最好的效果。运筹学作为一门用来解决实际问题的学科，在处理千差万别的各种问题时，一般有以下几个步骤：确定目标、制订方案、建立模型、制定解法。虽然不大可能存在能处理极其广泛对象的运筹学，但是在运筹学的发展过程中还是形成了某些抽象模型，并能应用解决较广泛的实际问题。

随着科学技术和生产的发展，运筹学已渗入很多领域里，发挥着越来越重要的作用。运筹学本身也在不断发展，现在已经是一个包括好几个分支的数学部门了。比如：数学规划（又包含线性规划；非线性规划；整数规划；组合规划等）、图论、网络流、决策分析、排队论、可靠性数学理论、库存论、对策论、搜索论、模拟等等。数学规划的研究对象是计划管理工作中有关安排和估值的

国际运筹管理之发展环节

问题，解决的主要问题是在给定条件下，按某一衡量指标来寻找安排的最优方案。它可以表示成求函数在满足约束条件下的极大极小值问题。数学规划和古典的求极值的问题有本质上的不同，古典方法只能处理具有简单表达式，和简单约束条件的情况。而现代的数学规划中的问题目标函数和约束条件都很复杂，而且要求给出某种精确度的数字解答，因此算法的研究特别受到重视。

这里最简单的一种问题就是线性规划。如果约束条件和目标函数都是呈线性关系的就叫线性规划。要解决线性规划问题，从理论上讲都要解线性方程组，因此解线性方程组的方法，以及关于行列式、矩阵的知识，就是线性规划中非常必要的工具。线性规划及其解法——单纯形法的出现，对运筹学的发展起了重大的推动作用。许多实际问题都可以化成线性规划来解决，而单纯形法是一个行之有效的算法，加上计算机的出现，使一些大型复杂的实际问题的解决成为现实。非线性规划是线性规划的进一步发展和继续。许多实际问题如设计问题、经济平衡问题都属于非线性规划的范畴。非线性规划扩大了数学规划的应用范围，同时也给数学工作者提出了许多基本理论问题，使数学中的如凸分析、数值分析等也得到了发展。还有一种规划问题和时间有关，叫做"动态规划"。它在工程控制、技术物理和通信中的最佳控制问题中，已经成为经常使用的重要工具。

排队论是运筹学的又一个分支，它又叫做随机服务系统理论。它的研究目的是要回答如何改进服务机构或组织被服务的对象，使得某种指标达到最优的问题。比如：一个港口应该有多少个码头，一个工厂应该有多少维修人员等。排队论最初是在20世纪初由丹麦工程师艾尔郎关于电话交换机的效率研究开始的，在第二次世界大战中为了对飞机场跑道的容纳量进行估算，它得到了进一步的发展，其相应的学科更新论、可靠性理论等也都发展起来。因为排队现象是一个随机现象，因此在研究排队现象的时候，主要采用的是研究随机现象的概率论作为主要工具。此外，还有微分和微分方程。排队论把它所要研究的对象形象的描述为顾客来到服务台前要求接待。如果服务台已被其他顾客占用，那么就要排队。另一方面，服务台也时而空闲、时而忙碌。就需要通过数学方法求得顾客的等待时间、排队长度等的概率分布。排队论在日常生活中的应用是相当广泛的，比如水库水量的调节、生产流水线的安排，铁路分成场的调度、电网的设计等等。

对策论也叫博弈论，前面讲的田忌赛马就是典型的博弈论问题。作为运筹学的一个分支，博弈论的发展也只有几十年的历史。系统地创建这门学科的数学家,现在一般公认为是美籍匈牙利数学家、计算机之父——冯·诺依曼。最初用数学方法研究博弈论是在国际象棋中开始的——如何确定取胜的做法。由于是研究双方冲突、制胜对策的问题,所以这门学科在军事方面有着十分重要的应用。数学家还对水雷和舰艇、歼击机和轰炸机之间的作战、追踪等问题进行了研究,提出了追逃双方都能自主决策的数学理论。随着人工智能研究的进一步发展,对博弈论提出了更多新的要求。

搜索论是由于第二次世界大战中战争的需要而出现的运筹学分支。主要研究在资源和探测手段受到限制的情况下,如何设计寻找某种目标的最优方案,并加以实施的理论和方法。在第二次世界大战中,同盟国的空军和海军在研究如何针对轴心国的潜艇活动、舰队运输和兵力部署等进行甄别的过程中产生的。搜索论在实际应用中也取得了不少成效,例如20世纪60年代,美国寻找在大西洋失踪的核潜艇"打谷者号"和"蝎子号",以及在地中海寻找丢失的氢弹,都是依据搜索论获得成功的。

运筹学有广阔的应用领域,它已渗透到诸如服务、库存、搜索、人口、对抗、控制、时间表、资源分配、厂址定位、能源、设计、生产、可靠性等各个方面。

数学链接 SHU XUE LIAN JIE

国际运筹学会联合会

国际运筹学会联合会是各国运筹学会联合组成的非政府性学术组织,缩写IFORS。1959年成立。1983年有35个国家和地区的运筹学会作为该会正式会员国(有表决权),另外还有6个学会和专门机构是无表决权的会员。联合会约有25700名会员。联合会的宗旨是推进运筹学知识的国际交流。第一任主席是英国的C.古迪夫。自1957年起每三年召开一次国际运筹学会议。中国从1975年(第七届)起每届会议均派代表团参加。中国数学会在1980年成立运筹学会,并于1982年5月正式加入该联合会。联合会设管理委员会。秘书处设在丹麦工业大学。管理委员会下设教育委员会、出版委员会、外事委员会和计划与程序委员会。联合会还经常与其他学会共同组织一系列国际会议。它是5个国际学会协调委员会成员之一,其他4个为国际自动控制联合会、国际信息处理联合会、国际测量联合会、国际仿真数学与仿真计算机学会。近年来联合会还建立一些地区性分会,如欧洲运筹学会联合会。出版物有《国际运筹学摘要》。

S 数学猜想
SHU XUE CAI XIANG

费马大定理的证明

科学的完善就是提出假设并不断证明的过程

费马大定理:当整数 $n>2$ 时,关于 x,y,z 的不定方程 $x^n+y^n=z^n$ 的整数解都是平凡解,即当 n 是偶数时:$(0,\pm m,\pm m)$ 或 $(\pm m,0,\pm m)$;当 n 是奇数时:$(0,m,m)$ 或 $(m,0,m)$ 或 $(m,-m,0)$。

这个定理,本来又称费马最后定理,由 17 世纪法国数学家费马提出,而当时人们称之为"定理",并不是真的相信费马已经证明了它。虽然费马宣称他已找到一个绝妙证明,但经过三个半世纪的努力,这个世纪数论难题才由普林斯顿大学英国数学家安德鲁·怀尔斯和他的学生理查·泰勒于 1995 年成功证明。证明利用了很多新的数学,包括代数几何中的椭圆曲线和模形式,以及伽罗华理论等,而安德鲁·怀尔斯由于成功证明此定理,获得了 1998 年的菲尔兹奖特别奖以及 2005 年度邵逸夫奖的数学奖。

费马(也译为"费尔马")1601 年 8 月 17 日出生于法国南部图卢兹附近的博蒙·德·洛马涅。他的父亲多米尼克·费马在当地开了一家大皮革商店,拥有相当丰厚的产业,使得费马从小生活在富裕舒适的环境中。费马的父亲由于富有和经营有道,颇受人们尊敬,并因此获得了地方事务顾问的头衔,但费马小的时候并没有因为家境的富裕而产生多少优越感。费马的母亲名叫克拉莱·德·罗格,出身穿袍贵族。多米尼克的大富与罗格的大贵族构筑了费马极富贵的身价。费马小时候受教于他的叔叔皮埃尔,得到了良好的启蒙教育,培养了他广泛的兴趣和爱好,对他的性格也产生了重要的影响。直到 14 岁时,费马才进入博蒙·德·洛马涅公学,毕业后先后在奥尔良大学和图卢兹大学学习法律。

1637 年,费马在阅读丢番图《算术》拉丁文译本时,曾在第 11 卷第 8 命题旁写道:"将一个立方数分成两个立方数之和,或一个四次幂分成两个四次幂之和,或者一般地将一个高于二次的幂分成两个同次幂之和,这是不可能的。关于此,我确信已发现了一种美妙的证法,可惜这里空白的地方太小,写不下。"毕竟费马没有写下证明,而他的其他猜想对数学贡献良多,由此激发了许

法国风光

多数学家对这一猜想的兴趣。数学家们的有关工作丰富了数论的内容,推动了数论的发展。对很多不同的 n,费马定理早被证明了。但数学家对一般情况在这以后的二百年内仍一筹莫展。

1676 年数学家根据费马的少量提示用无穷递降法证明 $n=4$。1678 年和 1738 年德国数学家莱布尼茨和瑞士数学家欧拉也各自证明 $n=4$。1770 年欧拉证明 $n=3$。1823 年和 1825 年法国数学家勒让德和德国数学家狄利克雷先后证明 $n=5$。1832 年狄利克雷试图证明 $n=7$,却只证明了 $n=14$。1839 年法国数学家拉梅证明了 $n=7$,随后得到法国数学家勒贝格的简化……19 世纪贡献最大的是德国数学家库麦尔,他从 1844 年起花费 20 多年时间,创立了理想数理论,为代数数论奠下基础;库麦尔证明当 $n<100$ 时除 37、59、67 三个数外费马大定理均成立。为推进费马大定理的证明,布鲁塞尔和巴黎科学院数次设奖。1908 年德国数学家佛尔夫斯克尔临终在哥廷根皇家科学会悬赏 10 万马克,并充分考虑到证明的艰巨性,将期限定为 100 年。数学迷们对此趋之若鹜,纷纷把"证明"寄给数学家,期望凭短短几页初等变换夺取桂冠。德国数学家兰道印制了一批明信片由学生填写:"亲爱的先生或女士:您对费马大定理的证明已经收到,现予退回,第一个错误出现在第×页第×行。"在解决问题的过程中,数学家们不但利用了广博精深的数学知识,还创造了许多新理论新方法,对数学发展的贡献难以估量。1900 年,希尔伯特提出尚未解决的 23 个问题时虽未将费马大定理列入,却把它作为一个在解决中不断产生新理论新方法的典型例证。据说希尔伯特还宣称自己能够证明,但他认为问题一旦解决,有益的副产品将不再产生。"我应更加注意,不要杀掉这只经常为我们生出金蛋的母鸡。"数学家就是这样缓慢而执著地向前迈进,直至 1955 年证明 $n<4002$。大型计算机的出现推进了证明速度,1976 年德国数学家瓦格斯塔夫证明 $n<125000$,1985 年美国数学家罗瑟证明 $n<41000000$。但数学是严谨的科学,n 值再大依然有限,从有限到无穷的距离漫长而遥远。1983 年,年仅 29 岁的德国数学家法尔廷斯证明了代数几何中的莫德尔猜想,为此在第 20 届国际数学家大会上荣获菲尔兹奖;此奖相当于数学界的诺贝尔奖,只授予 40 岁以下的青年数学家。莫德尔猜想有一个直接推论:对于形如 $x^n+y^n=z^n$($n\geq 4$)的方程至多只有有限多组整数解。这对费马大定理的证明是一个有益的突破。从"有限多组"到"一组没有"还有很大差距,但从无限到有限已前进了一大步。1955 年日本数学家谷山丰提出过一个属于代数几何范畴的谷山猜想,德国数学家弗雷在 1985 年指出:如果费马大定理不成

徽 章

立，谷山猜想也不成立。随后德国数学家佩尔提出佩尔猜想，补足了弗雷观点的缺陷。至此，如果谷山猜想和佩尔猜想都被证明，费马大定理不证自明。事隔一载，美国加利福尼亚大学伯克利分校数学家里比特证明了佩尔猜想。1993年6月，英国数学家、美国普林斯顿大学教授安德鲁·怀尔斯在剑桥大学牛顿数学研究所举行了一系列代数几何学术讲演。在6月23日最后一次讲演《椭圆曲线、模型式和伽罗瓦表示》中，怀尔斯部分证明了谷山猜想。所谓部分证明，是指怀尔斯证明了谷山猜想对于半稳定的椭圆曲线成立，然而出乎意料的是，这与费马大定理相关的那条椭圆曲线恰好是半稳定的！这时在座60多位知名数学家意识到，困扰数学界三个半世纪的费马大定理被证明了！这一消息在讲演后不胫而走，许多大学都举行了游行和狂欢，在芝加哥甚至出动了警察上街维持秩序。就在怀尔斯公布他的证明后的不久，数学家们在正式审查他的论文时，发现了一个严重的缺陷。这是令人沮丧的，因为过去声称解决了某个重大问题的论文通常都因为这样的缺陷而被推翻。经过一年多的努力，在很多人对他失去信心，认为这只不过是无数次类似事件的重复时，怀尔斯终于做出了令数学家们不再怀疑的解释。经过审查的论文最终发表在1995年5月的《数学年刊》上，总长为130页。又经过两年的审查，怀尔斯获得了一名德国人为费马大定理专设的奖金。

怀尔斯没有放弃，终于彻底圆满证明了"费马大定理"。

谷山—志村定理

谷山—志村定理建立了椭圆曲线（代数几何的对象）和模型式（某种数论中用到的周期性全纯函数）之间的重要联系。若 p 是一个质数而 E 是一个 Q（有理数域）上的一个椭圆曲线，我们可以简化定义 E 的方程模 p；除了有限个 p 值，我们会得到有 n_p 个元素的有限域 F_p 上的一个椭圆曲线。然后考虑如下序列：$a_p = n_p \cdot p$，这是椭圆曲线 E 的重要的不变量。从傅立叶变换，每个模型式也会产生一个数列。一个其序列和从模型式得到的序列相同的椭圆曲线叫做模的。谷山—志村定说："所有 Q 上的椭圆曲线是模的。"

谷山-志村定理在1955年9月由谷山丰提出猜想，并在1957年和志村五郎一起改进了严格性。在20世纪60年代，它和统一数学中的猜想郎兰兹纲领联系了起来，并是其关键的组成部分。猜想由安德烈·韦伊于1970年重新提起并得到推广。尽管有明显的用处，这个问题的深度在后来的发展之前并未被人们所感觉到。

数学猜想·

庞加莱猜想
从高维到三维的逆向证明

庞加莱猜想是 21 世纪七大数学难题之一，困扰了数学家整整一个世纪。

庞加莱出生于法国，被誉为"最后一位数学全才"。他的研究和贡献涉及数学的各个分支，例如函数论、代数拓扑学、数论、代数学、微分方程、数学基础、非欧几何、渐近级数、概率论等，当代数学不少研究课题都溯源于他的工作。

20 世纪初，庞加莱在一组论文中提出这样的猜想："单连通的三维闭流形同胚于三维球面。"它后来被推广为："任何与 n 维球面同伦的 n 维闭流形必定同胚于 n 维球面。"我们不妨借助二维的例子做一个粗浅的比喻：一个无孔的橡胶膜相当于拓扑学中的二维闭曲面，而一个吹胀的气球则可以视为二维球面，二者之间的点存在着一一对应的关系，同时橡胶膜上相邻的点仍是吹胀气球上相邻的点，反之亦然。有趣的是，这一猜想的高维推论已于 20 世纪 60 年代和 80 年代分别得到解决，唯独三维的情况仍然像只拦路虎一样趴在那里，向世界上最优秀的拓扑学家发出挑战。任何一个封闭的三维空间，只要它里面所有封闭曲线都可以收缩成一点，这个空间就一定是一个三维圆球——这就是庞加莱猜想。

20 世纪 30 年代以前，对庞加莱猜想的研究只有零星几项。但英国数学家怀特海对这个问题产生了浓厚兴趣。他一度声称自己完成了证明，但不久就撤回了论文。失之桑榆，收之东隅，在这个过程中，他发现了三维流形的一些有趣的特例，而这些特例，现在被统称为怀特海流形。20 世纪 30 年代到 60 年代之间，又有一些著名的数学家宣称自己解决了庞加莱猜想，著名的宾、哈肯、莫伊泽和帕帕奇拉克普罗斯均在其中。帕帕奇拉克普罗斯是 1964 年的维布伦奖得主，是一名希腊数学家。在 1948 年以前，帕帕一直与数学圈保持一定的距离，直到被普林斯顿大学邀请做客。帕帕以证明了著名的"迪恩引理"而闻名于世，喜好舞文弄墨的数学家约翰·米尔诺曾经为此写下一段打油诗："无情无义的迪恩引理/每一个拓扑学家的天敌/直到帕帕奇拉克普罗斯/居然证明得毫不费力。"

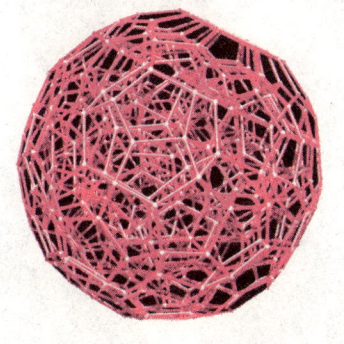

庞加莱猜想

然而，这位聪明的希腊拓扑学家，却最终倒在了庞加莱猜想的证明上。直到1976年去世前，帕帕仍在试图证明庞加莱猜想，临终之时，他把一叠厚厚的手稿交给了一位数学家朋友，然而，只是翻了几页，那位数学家就发现了错误，但为了让帕帕安静地离去，他最后选择了隐忍不言。

这一时期拓扑学家对庞加莱猜想的研究，虽然没能产生他们所期待的结果，但是，却因此发展出了低维拓扑学这门学科。一次又一次尝试的失败，使得庞加莱猜想成为出了名难证的数学问题之一。然而，因为它是几何拓扑研究的基础，数学家们又不能将其撂在一旁。这时，事情出现了转机。

1966年菲尔兹奖得主斯梅尔，在20世纪60年代初想到了一个天才的主意：如果三维的庞加莱猜想难以解决，高维的会不会容易些呢？1960年到1961年，在里约热内卢的海滨，经常可以看到一个人，手持草稿纸和铅笔，对着大海思考。他就是斯梅尔。1961年的夏天，在基辅的非线性振动会议上，斯梅尔公布了自己对庞加莱猜想的五维空间和五维以上的证明，立时引起轰动。10多年之后的1983年，美国数学家福里德曼将证明又向前推动了一步。在唐纳森工作的基础上，他证出了四维空间中的庞加莱猜想，并因此获得菲尔兹奖。但是，再向前推进的工作，又停滞了。拓扑学的方法研究三维庞加莱猜想没有进展，有人开始想到了其他的工具。瑟斯顿就是其中之一，他引入了几何结构的方法对三维流形进行切割，并因此获得了1983年的菲尔兹奖。

1972年，丘成桐和李伟光合作，发展出了一套用非线性微分方程的方法研究几何结构的理论。丘成桐用这种方法证明了卡拉比猜想，并因此获菲尔兹奖。1979年，在康奈尔大学的一个讨论班上，当时是斯坦福大学数学系教授的丘成桐见到了汉密尔顿。"那时候，汉密尔顿刚刚在做 Ricci 流，别人都不晓得，跟我说起。我觉得这个东西不太容易做。没想到，1980年，他就做出了第一个重要的结果。"丘成桐说，"于是我跟他讲，可以用这个结果来证明庞加莱猜想，以及三维空间的大问题。"Ricci 流是以意大利数学家里奇命名的一个方程。用它可以完成一系列的拓扑手术，构造几何结构，把不规则的流形变成规则的流形，从而解决三维的庞加莱猜想。看到这个方程的重要性后，丘成桐立即让跟随自己的几个学生跟着汉密尔顿研究 Ricci 流。在使用 Ricci 流进行空间变换时，到后来，总会出现无法控制走向的点。这些点，叫做奇点。如何掌握它

庞加莱

们的动向，是证明三维庞加莱猜想的关键。在借鉴了丘成桐和李伟光在非线性微分方程上的工作后，1993年，汉密尔顿发表了一篇关于理解奇点的重要论文。便在此时，丘成桐隐隐感觉到，解决庞加莱猜想的那一刻，就要到来了。

虽然多年来屡屡有人声称取得进展，但一直无人能彻底解出庞加莱猜想。2000年，美国克莱数学研究所将之列为"世界七大数学难题"之一，并开出100万美元的高额奖金悬赏破解。俄罗斯科学院圣彼得堡斯蒂克洛夫数学研究所的数学家格里戈里·斐里曼，在2006年8月22日于西班牙马德里举行的第25届世界数学家大会上，获得世界数学最高奖——菲尔兹奖。国际数学联盟一致认为，斐里曼成功破解了"世界数学七大难题之一的庞加莱猜想"。英国《卫报》甚至惊叹，斐里曼可能是本星球最聪明的人。斐里曼就职于俄罗斯科学院圣彼得堡斯蒂克洛夫数学研究所，多年来一直从事对"庞加莱猜想"的研究。1992年11月，他的研究报告首次公开就引起了国际数学界的关注，多位世界知名数学大师曾与其探讨过。2003年4月，应美国麻省理工学院华裔数学家田刚邀请，斐里曼赴美作了三场演讲，并现场回答了多位数学家的质疑。不久，美国《纽约时报》便刊登出"俄国人解决了著名数学问题"的新闻。专家小组随后对他的研究成果进行了审查，认可了他的研究成果。

庞加莱猜想的证明意义重大。它是人类在三维空间研究角度解决的第一个难题，也是一个属于代数拓扑学中带有基本意义的命题，将有助于人类更好地研究三维空间，其带来的结果将会加深人们对流形性质的认识，对物理学和工程学都将产生深远的影响，甚至会对人们用数学语言描述宇宙空间产生深远的影响。

菲尔兹奖

菲尔兹奖是以已故的加拿大数学家、教育家J.C.菲尔兹的姓氏命名的，他的中文全名：约翰·查尔斯·菲尔兹。菲尔兹奖是最著名的世界性数学奖，由于诺贝尔奖没有数学奖，因此也有人将菲尔兹誉为数学中的"诺贝尔奖"。第一次菲尔兹奖颁发于1936年，而后每4年一次。菲尔兹奖的一个最大特点是奖励年轻人，只授予40岁以下的数学家，即授予那些能对未来数学发展起到重大作用的人。菲尔兹奖是一枚金质奖章和1500美元的奖金、奖章的正面是阿基米德的浮雕头像。它是由数学界的国际权威学术团体——国际数学联合会主持，从全世界的第一流青年数学家中评定、遴选，在每隔四年才召开一次的国际数学家大会上隆重颁发的，且每次获奖者仅2~4名（一般只有2名）。

黎曼猜想

—"世界七大数学难题"之一—

黎曼猜想，20世纪数学家所面对的一个重要难题。2000年，美国克莱数学研究所开出100万美元的高额奖金悬赏破解，将黎曼假设列为"世界七大数学难题"之一。黎曼猜想的提出者黎曼所创立的几何学成了现代宇宙论描述宇宙结构的重要数学工具，而黎曼猜想指数论的根本命题，使得其他简单而又深刻的数论之谜显得不那么重要。

几千年前人类就已知道2，3，5，7，31，59，97这些正整数。除了1及本身之外就没有其他因子，他们称这些数为素数，希腊数学家欧几里得证明了在正整数集合里有无穷多的素数。它们在纯数学及其应用中都起着重要作用。在所有自然数中，这种素数的分布并不遵循任何有规则的模式。然而，在证明素数定理的过程中，德国数学家黎曼提出了一个论断：Zeta函数的零点都在直线Res（s）=1/2上。也就是说，素数的频率紧密相关于一个精心构造的所谓黎曼蔡塔函数z（s）的性态。他在作了一番努力而未能证明后便放弃了，因为这对他证明素数定理影响不大。但这一问题至今仍然未能解决，甚至于比此假设简单的猜想也未能获证。在代数数论中的广义黎曼假设更是影响深远。若能证明黎曼假设，则可带动许多问题的解决。著名的黎曼假设断言，方程z（s）=0的所有有意义的解都在一条直线上。这点已经对于开始的1500000000个解验过。证明它对于每一个有意义的解都成立，将为围绕素数分布的许多奥秘带来光明。

黎曼是黎曼几何的创始人。他生在现在德国汉诺瓦一个小乡村（当时属于大英帝国）的清教徒家庭，他父亲是当地的牧师。他在读博士学位期间，研究的是复变函数。他把通常的函数概念推广到多值函数，并引进了多叶黎曼曲面的直观概念。他的博士论文受到了高斯的赞扬，也是他此后十年工作的基础，包括复变函数在Abel积分和theta函数

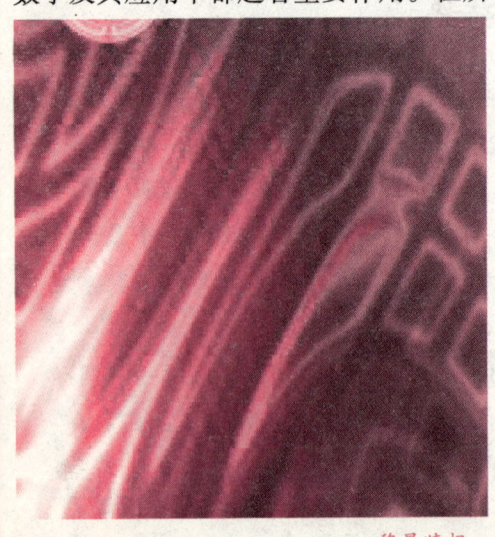

黎曼猜想

数学猜想·

中的应用，函数的三角级数表示，微分几何基础等。

黎曼猜想，首先由数学家波恩哈德·黎曼在 1859 年提出，是数学中一个最著名和最重要而又未解决的问题。一个世纪以来它仍未被解答，吸引着很多出色数学家为它苦恼。对比业余数学家，它对专业数学家更具吸引力。黎曼猜想（RH）是关于黎曼 ς 函数 ς（s）的根分布的猜想。黎曼 ς 函数在任何复数 s≠1 上也有定义。它在负偶数上也有零（i.e. 当 s=-2，s=-4，s=-6，…），这些也是"平凡零点"。黎曼猜想关心的，是非平凡零点，黎曼 ς 函数非平凡零点的实数部分也是 1/2，所以非平凡零点都应该位于直线 1/2+it 上，t 为一实数而 i 为虚数基本单位。沿临界线的黎曼 ς 函数有时通过 Z-函数进行研究，它的实零点对应于 ς 函数在临界线上的零点。

荷兰三位数学家利用电子计算机来检验黎曼的假设，他们对最初的二亿个齐打函数的零点检验，证明黎曼的假设是对的，他们在 1981 年宣布他们的结果，目前他们还继续用电子计算机检验底下的一些零点。在 1982 年 11 月苏联数学家马帝叶雪维奇在苏联杂志上宣布，他利用电脑检验一个与黎曼猜想有关的数学问题，可以证明该问题是正确的，从而反过来可以支持黎曼的猜想很可能是正确的。

这个简单的特殊函数在数学上有重大意义，正因为如此，黎曼猜想总是被当成数一数二的重要猜想。在这个猜想上稍有突破，就有不少重大成果。200 年前高斯提出的素数定理就是在 100 年前由于黎曼猜想的一个重大突破而证明

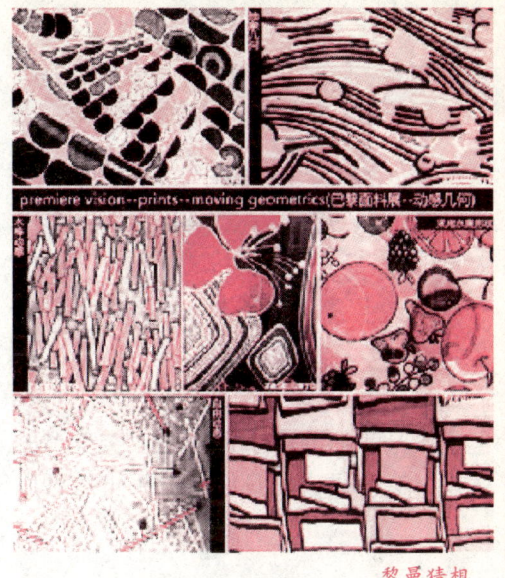

黎曼猜想

的。当时只是证明复零点都在临界线附近，如果黎曼猜想被完全证明，整个解析数论将取得全面进展。黎曼猜想是当代数学其中一个最重要而又未解决的问题，主要因为很多深入和重要的结果能在它成立的大前提下被证明。大部分数学家也相信黎曼猜想是正确的，约翰·恩瑟·李特尔伍德与塞尔伯格曾提出怀疑。塞尔伯格在晚年时降低了他的怀疑，他在 1989 年的一篇论文中猜测黎曼猜想对更广的一类函数也应当成立。

也许，有一天我们会发现我们永远也解决不了这个猜想，因为这是宇宙的最后防线，但我们不会放弃。在哥德尔定理面前，希尔伯特的名言"我们必将知道"显得十分苍白，但它可以作为我们人类的本性继续指引我们去探索。当代数学最高端的东西仍然是纯粹数学，它正如一开始的数论那样"最清白、最无辜"（英国数学家）。尽管我们有了信仰，一切无用的数学最后终将"有用"，

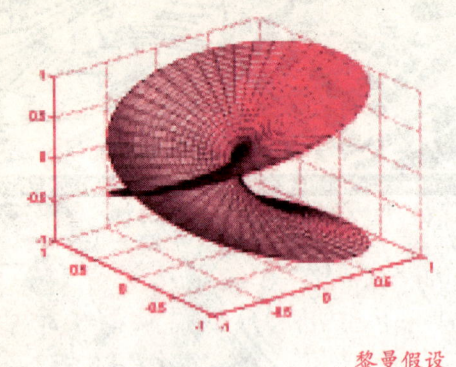

黎曼假设

但这不是我们的追求，它是人类尊严的体现，有时候，是我们面对宇宙时可以引以为豪的唯一的东西。

更重要的是，在代数数论、代数几何、微分几何、动力系统理论等学科中都引入各种函数和它们的推广函数，它们各有相应的"黎曼猜想"，其中有的黎曼猜想已经得到证明，使得该分支获得突破性的进展。专家指出，黎曼假设一旦被攻克，将对加密学有帮助。其余的难题一旦破解，将会给航天、物理等领域带来突破性进展，并开辟全新的数学研究领域。

数学链接 SHU XUE LIAN JIE **数学链接** SHU XUE LIAN JIE **数学链接** SHU XU

欧氏几何

欧氏几何是欧几里得几何学的简称，其创始人是公元前三世纪的古希腊伟大数学家欧几里得。在他以前，古希腊人已经积累了大量的几何知识，并开始用逻辑推理的方法去证明一些几何命题的结论。欧几里得这位伟大的几何建筑师在前人准备的"木石砖瓦"材料的基础上，天才般地按照逻辑系统把几何命题整理起来，建成了一座巍峨的几何大厦，完成了数学史上的光辉著作《几何原本》。这本书的问世，标志着欧氏几何学的建立。这部科学著作是发行最广而且使用时间最长的书。后又被译成多种文字，共有2000多种版本。它的问世是整个数学发展史上意义极其深远的大事，也是整个人类文明史上的里程碑。两千多年来，这部著作在几何教学中一直占据着统治地位，至今其地位也没有被动摇，包括我国在内的许多国家仍以它为基础作为几何教材。

数学猜想·

四色猜想

— 一个关于地图的数学猜想 —

四色问题又称四色猜想,是世界近代三大数学难题之一。

四色问题的内容是:"任何一张地图只用四种颜色就能使具有共同边界的国家着上不同的颜色。"用数学语言表示,即"将平面任意地细分为不相重叠的区域,每一个区域总可以用1,2,3,4这四个数字之一来标记,而不会使相邻的两个区域得到相同的数字。"这里所指的相邻区域,是指有一整段边界是公共的。如果两个区域只相遇于一点或有限多点,就不叫相邻的。因为用相同的颜色给它们着色不会引起混淆。

四色猜想的提出来自英国。1852年,毕业于伦敦大学的弗南西斯·格思里来到一家科研单位搞地图着色工作时,发现了一种有趣的现象:"看来,每幅地图都可以用四种颜色着色,使得有共同边界的国家都被着上不同的颜色。"这个现象能不能从数学上加以严格证明呢?他和在大学读书的弟弟格里斯决心试一试。兄弟二人为证明这一问题而使用的稿纸已经堆了一大沓,可是研究工作没有进展。1852年10月23日,他的弟弟就这个问题的证明请教了他的老师、著名数学家德·摩尔根,摩尔根也没有能找到解决这个问题的途径,于是写信向自己的好友、著名数学家汉密尔顿爵士请教。汉密尔顿接到摩尔根的信后,对四色问题进行论证。但直到1865年汉密尔顿逝世为止,问题也没有能够解决。

1872年,英国当时最著名的数学家凯利正式向伦敦数学学会提出了这个问题,于是四色猜想成了世界数学界关注的问题。世界上许多一流的数学家都纷纷参加了四色猜想的大会战。1878~1880年两年间,著名的律师兼数学家肯普和泰勒两人分别提交了证明四色猜想的论文,宣布证明了四色定理,大家都认为四色猜想从此也就解决了。

肯普的证明是这样的:首先指出如果没有一个国家包围其他国家,或没有三个以上的国家相遇于一点,这种地图就是"正规的";否则为非正规地图。一张地图往往是由正规地图和非正规地图联系在一起,但非正规地图所需颜色种数一般不超过正规地图所需的颜色,如果有一张需要五种颜色的地图,那就是指它的正规地图是五色的,要证明四色猜想成立,只要证明不存在一张正规五色地图就足够了。肯普是

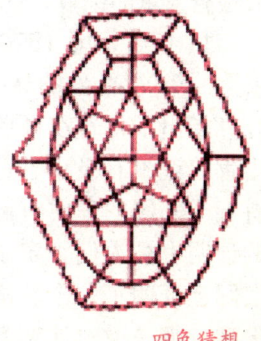

四色猜想

用归谬法来证明的，大意是如果有一张正规的五色地图，就会存在一张国数最少的"极小正规五色地图"，如果极小正规五色地图中有一个国家的邻国数少于六个，就会存在一张国数较少的正规地图仍为五色的，这样一来就不会有极小五色地图的国数，也就不存在正规五色地图了。这样肯普就认为他已经证明了"四色问题"，但是后来人们发现他错了。不过肯普的证明阐明了两个重要的概念，对以后问题的解决提供了途径。第一个概念是"构形"。他证明了在每一张正规地图中至少有一国具有两个、三个、四个或五个邻国，不存在每个国家都有六个或更多个邻国的正规地图，也就是说，由两个邻国，三个邻国、四个或五个邻国组成的一组"构形"是不可避免的，每张地图至少含有这四种构形中的一个。肯普提出的另一个概念是"可约"性。"可约"这个词的使用是来自肯普的论证。他证明了只要五色地图中有一国具有四个邻国，就会有国数减少的五色地图。自从引入"构形"，"可约"概念后，逐步发展了检查构形以决定是否可约的一些标准方法，能够寻求可约构形的不可避免组，是证明"四色问题"的重要依据。但要证明大的构形可约，需要检查大量的细节，这是相当复杂的。

11年后，即1890年，在牛津大学就读的年仅29岁的赫伍德以自己的精确计算指出了肯普在证明上的漏洞。他指出肯普说没有极小五色地图能有一国具有五个邻国的理由有破绽。不久，泰勒的证明也被人们否定了。人们发现他们实际上证明了一个较弱的命题——五色定理。就是说对地图着色，用五种颜色就够了。后来，越来越多的数学家虽然对此绞尽脑汁，但一无所获。于是，人们开始认识到，这个貌似容易的题目，其实是一个可与费马猜想相媲美的难题。

进入20世纪以来，科学家们对四色猜想的证明基本上是按照肯普的想法在进行。1913年，美国著名数学家、哈佛大学的伯克霍夫利用肯普的想法，结合自己新的设想，证明了某些大的构形可约。后来美国数学家富兰克林于1939年证明了22个国家以下的地图都可以用四色着色。1950年，有人从22个国家推进到35个国家。1960年，有人又证明了39个国家以下的地图可以只用四种颜色着色；随后又推进到了50国。看来这种推进仍然十分缓慢。

高速数字计算机的发明，促使更多数学家对"四色问题"的研究。从1936年就开始研究四色猜想的海克，公开宣称四色猜想可用寻找可约图形的不可避免组来证明。他的学生丢雷图写了一个计算程序，海克不仅能用这程序产生的数据来证明构形可约，而且描绘可约构形的方法是从改造地图成为数学上称为"对偶"形着手。他把每个国家的首都标出来，然后把相邻国家的首都用一条越过边界的铁路连接起来，除首都（称为顶点）及铁路（称为弧或边）外，擦掉其他所有的线，剩下的称为原图的对偶图。到了20世纪60年代后期，海克引进一个类似于在电网络中移动电荷的方法来求构形的不可避免组。在海克的研究中第一次以颇不成熟的形式出现的"放电法"，对以后关于不可避免组的研究是个关键，也是证明四色定理的中心要素。电子计算机问世以后，由于演算

数学猜想·

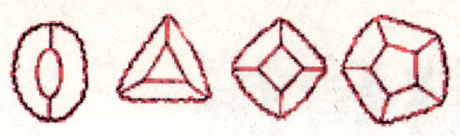

四色问题

速度迅速提高，加之人机对话的出现，大大加快了对四色猜想证明的进程。美国伊利诺大学哈肯在1970年着手改进"放电过程"，后与阿佩尔合作编制了一个很好的程序。就在1976年6月，他们在美国伊利诺斯大学的两台不同的电子计算机上，用了1200个小时，作了100亿判断，终于完成了四色定理的证明，轰动了世界。这是一百多年来吸引许多数学家与数学爱好者的大事，当两位数学家将他们的研究成果发表的时候，当地的邮局在当天发出的所有邮件上都加盖了"四色足够"的特制邮戳，以庆祝这一难题获得解决。

"四色问题"的被证明不仅解决了一个历时100多年的难题，而且成为数学史上一系列新思维的起点。在"四色问题"的研究过程中，不少新的数学理论随之产生，也发展了很多数学计算技巧。如将地图的着色问题化为图论问题，丰富了图论的内容。不仅如此，"四色问题"在有效地设计航空班机日程表，设计计算机的编码程序上都起到了推动作用。

不少数学家并不满足于计算机取得的成就，他们认为应该有一种简洁明快的书面证明方法。直到现在，仍有不少数学家和数学爱好者在寻找更简洁的证明方法。

数学链接 SHU XUE LIAN JIE

地图要素

地图要素指构成地图的基本内容，它包括数学要素、地理要素和整饰要素（也称辅助要素），又通称地图"三要素"。（1）数学要素，指构成地图的数学基础。例如：地图投影、比例尺、控制点、坐标网、高程系、地图分幅等。这些内容是决定地图图幅范围、位置，以及控制其他内容的基础。它保证地图的精确性，作为在图上量取点位、高程、长度、面积的可靠依据，在大范围内保证多幅图的拼接使用。数学要素，对军事和经济建设都是不可缺少的内容。（2）地理要素，是指地图上表示的具有地理位置、分布特点的自然现象和社会现象。因此，又可分为自然要素（如水文、地貌、土质、植被）和社会经济要素（如居民地、交通线、行政境界等）。（3）整饰要素，主要指便于读图和用图的某些内容。例如：图名、图号、图例和地图资料说明，以及图内各种文字、数字注记等。

哥德巴赫猜想

科学史上的传奇

哥德巴赫猜想是世界近代三大数学难题之一,最先由哥德巴赫提出。

哥德巴赫猜想实际是说,任何一个大于3的自然数 n 都有一个 x,使得 $n+x$ 与 $n-x$ 都是素数,因为,$(n+x)+(n-x)=2n$。这是一种素数对自然数形式的对称,代表一种秩序,它之所以意味深长,是因为素数这种似乎杂乱无章的东西被人们用自然数 n 对称地串联起来,正如牧童一声口哨就把满山遍野乱跑的羊群唤在一起,它使人心晃神移,又像生物基因DNA,呈双螺旋结构绕自然数 n 转动,人们从玄虚的素数看到了淳朴而又充满青春的一面。对称不仅是视觉上的美学概念,它还意味着对象的统一。

1742年,哥德巴赫在教学中发现,每个不小于6的偶数都是两个素数(只能被1和它本身整除的数)之和。如 $6=3+3$,$12=5+7$ 等等。公元1742年6月7日哥德巴赫写信给当时的大数学家欧拉,欧拉在6月30日给他的回信中说,他相信这个猜想是正确的,但他不能证明。叙述如此简单的问题,连欧拉这样首屈一指的数学家都不能证明,这个猜想便引起了许多数学家的注意。从哥德巴赫提出这个猜想至今,许多数学家都不断努力想攻克它,但都没有成功。当然曾经有人作了些具体的验证工作,例如:$6=3+3$,$8=3+5$,$10=5+5=3+7$,$12=5+7$,$14=7+7=3+11$,$16=5+11$,$18=5+13$……有人对 33×10^8 以内且大过6之偶数一一进行验算,哥德巴赫猜想都成立。但严热情,历经两百多年而不衰。世界上许许多多的数学工作者,殚精竭虑,费尽心机。哥德巴赫猜想的历史实际上是科学史上最传奇的历史。

哥德巴赫猜想的第一个问题又叫奇数的猜想,第二个问题又叫偶数的猜想。实际上第一个问题的正确解法可以推出第二个问题的正确解法,因为每个大于7的奇数显然可以表示为一个大于4的偶数与3的和。哥德巴赫猜想引起了成

哥德巴赫

数学猜想·

千上万的数学家对它的兴趣,人们很想摘到这颗"明珠"。

直到20世纪20年代,对于偶数猜想,才有人开始向它靠近。1920年挪威数学家布朗用一种古老的筛选法证明,得出了一个结论:每一个比大偶数 n(不小于6)的偶数都可以表示为九个质数的积加上九个质数的积,简称9+9。需要说明的是,这个9不是确切的9,而是指1,2,3,4,5,6,7,8,9中可能出现的任何一个,又称为"殆素数",意思是很像素数,与哥德巴赫猜想没有实质的联系。这种缩小包围圈的办法很管用,科学家们于是从9+9开始,逐步减少每个数里所含质数因子的个数,直到最后使每个数里都是一个质数为止,这样就证明了哥德巴赫猜想。从1920年到1937年,外国和中国的一些数学家先后证明了"7+7""6+6""5+7","4+9","3+15"和"2+366"等命题。哥德巴赫猜想的论证进展缓慢,但是已有了一定的成果,这使得后人一直没有放

工作中的陈景润

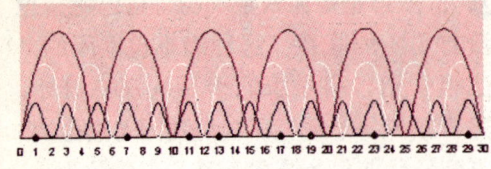

哥德巴赫猜想

弃努力。1937年，苏联数学家维诺格拉多夫利用他独创的"三角和"方法证明了每个充分大的奇数可以表示为3个奇质数之和，基本上解决了第二个问题，但是第一个问题仍未完全解决。由于问题实在太困难了，数学家们开始研究较弱的命题：每个充分大的偶数可以表示为质因数个数分别为 m、n 的两个自然数之和，简记为"$m+n$"。这个迂回战术又给科学家们以很大的帮助。20世纪30年代科学家们又证明了"5+5"、"4+4""1+c"，其中 c 是一很大的自然数。1956年，中国的王元证明了"3+4"。1957年，中国的王元先后证明了"3+3"和"2+3"。1962年，中国的潘承洞和苏联的巴尔巴恩证明了"1+5"，中国的王元证明了"1+4"。中国的学者对哥德巴赫猜想的证明作出了巨大的贡献，这是有目共睹的。

1965年，苏联的布赫夕太勃和小维诺格拉多夫，以及意大利的朋比利证明了"1+3"。

1966年，中国的陈景润证明了"1+2"。这一结果被称为"陈氏定理"，至今仍是最好的结果。陈景润的杰出成就不仅使他得到广泛赞誉，也显示了以陈景润为代表的一大批中国数学家的实力和他们不畏艰险、坚持不懈的精神。至此，中国在哥德巴赫猜想的证明上处于领先地位，得到了世界数学界的认可。

提出问题，而后解决问题。找出疑难，然后攻克它，科学就是这样一步一步越走越远。现在，还有"1+1"的证明没有解决。谁能攻克"1+1"这个难题呢？让我们拭目以待。

陈氏定理

陈氏定理："任何充分大的偶数都是一个质数与一个自然数之和，而后者仅仅是两个质数的乘积。"通常都简称这个结果为大偶数，可表示为"1+2"的形式。"充分大"是陈景润教授指10的500000次方，即在1的后面加上500000个"0"，是一个目前无法检验的数。所以，保罗赫夫曼在《阿基米德的报复》一书中的35页写道："充分大和殆素数是个含混不清的概念。"

数学猜想·

费马数猜想

| 科学是永无止境的探索 |

费马数最先由费马提出，让我们先从费马说起。

费马，最初从事律师职业，空闲时间钻研数学。时间的多少并不能决定成绩的大小。虽然费马从三十岁才开始认真研究数学，但是他取得的成绩不亚于一流的数学大师。他在几何学、概率论、微积分和数论等众多数学领域里都留下了自己的足迹，尤其在数论方面，奠定了近代数论的基础，被称为"近代数论之父"。

在数学的研究中，费马发现：

$F_0 = 2^{(2^0)} + 1 = 3$

$F_1 = 2^{(2^1)} + 1 = 5$

$F_2 = 2^{(2^2)} + 1 = 17$

$F_3 = 2^{(2^3)} + 1 = 257$

$F_4 = 2^{(2^4)} + 1 = 65537$

费马邮票

$F_5 = 2^{(2^5)} + 1 = 4294967297$

$F_6 = 2^{(2^6)} + 1 = 274177 \times 67280421310721$

$F_7 = 2^{(2^7)} + 1 = 59649589127497217 \times 5704689200685129054721$

$F_8 = 2^{(2^8)} + 1 = 1238926361552897 \times 93461639715357977769163558199606896584051237541638188580280321$

$F_9 = 2^{(2^9)} + 1 = 2424833 \times 7455602825647884208337395736200454918783366342657 \times 741640062627530801524787141901937474059940781097519023905821316144415759504705008092818711693940737$

当 n 取 0、1、2、3、4 时，式子 $2^{2^n}+1$ 对应的值（3、5、17、257、65537）都是素数。于是费马认为形如 $2^{2^n}+1$ 的数都是素数，但是费马没有找到证明的方法。这个猜测就是费马数猜想，并用 F_n 表示费马数。

费马数猜想是否正确呢？在没有找到推理方法之前，任何人都不能轻易下结论。费马没有证明就凭直觉作出判断，是否太轻率呢？但是不管怎样，费马数的研究还是吸引了很多人。

1732 年，即费马死后 67 年，25 岁的欧拉证明了 F_5 是一个合数，从而说明费马的结论是不正确的。此后人们对更多的费马数进行了研究。6 年后，卢卡斯改进了欧拉的成果。

这一结论奠定了人们寻找大的费马合数的理论基础。20 世纪初，莫瑞汉德与韦斯坦证明 F_7 是合数。接着，这两位数学家利用同样的方法证明 F_8 是合数。20 世纪 70 年代后期，威廉姆找到 F_{3310} 的一个因子：$5 \times 3313 + 1$，从而证明它是合数。20 世纪 80 年代初，人们找到 F_{9948} 的一个因子：$19 \times 29450 + 1$，从而证明它是合数……

随着电子计算机的发展，计算机成为数学家研究费马数的有力工具。但是，在所知的费马数中竟然没有再添加一个费马素数。迄今为止，费马素数除了被

费马

费马本人所证实的那五个外竟然没有再发现一个！如果再不可能发现费马素数，那么费马的猜测将是多么荒唐，费马真的错了吗？

18世纪末，19岁的高斯宣布他发现了正十七边形的尺规作图方法，这个发现不仅震惊了数学界，也给费马数的证明带来了希望。高斯继续研究得出了如下结论：具有素数p条边的正多边形可用尺规作图的必要条件是p为费马数。由于我们现在得到的费马素数只有前五个费马数，那么可用尺规作图完成的正素数边形就只有3、5、17、257、65537。简单地说，能作出奇数边的正多边形数都是这五个费马数的组合。

"数学王子"高斯的结论对费马数的研究产生了历史性突破。此后，人们对费马数的证明重新燃起了兴趣。

借助计算机的帮助，人们得出费马数的许多新发现。如今，人们找到了具

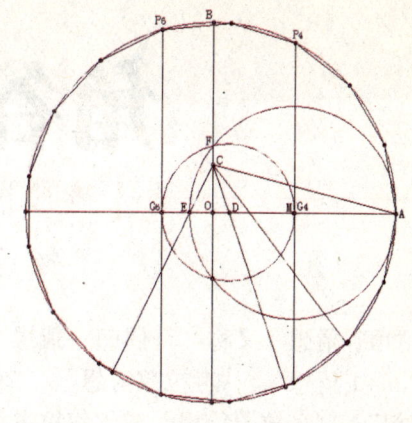

正十七边形

有746190位数的费马素因子：$3 \times 2^{2478785}+1$，由此人们得到了截至目前最大的费马合数$F_{2478782}$。2003年11月1日，有研究成果宣布：一个新的费马素因子$1054057 \times 2^{8300}+1$被发现，这同时意味着又一个费马合数$F_{8293}$的产生。

当然，费马数的研究还在继续。

正十七边形的尺规作法

步骤一：给一圆O，作两垂直的直径OA、OB，作C点使$OC=1/4OB$，作D点使$\angle OCD=1/4\angle OCA$，作AO延长线上E点使得$\angle DCE=45$度。

步骤二：作AE中点M，并以M为圆心作一圆过A点，此圆交OB于F点，再以D为圆心，作一圆过F点，此圆交直线OA于G_4和G_6两点。

步骤三：过G_4作OA垂直线交圆O于P_4，过G_6作OA垂直线交圆O于P_6，则以圆O为基准圆，A为正十七边形之第一顶点P_4为第四顶点，P_6为第六顶点。

以1/2弧P_4P_6为半径，即可在此圆上截出正十七边形的所有顶点。

角谷猜想

神妙的奇偶归一

"角谷猜想"又称"奇偶归一猜想",或"3n+1猜想"、"考拉兹猜想"、"哈塞猜想"、"乌拉姆猜想"或"叙拉古猜想"。它首先流传于美国,不久便传到欧洲,后来一位名叫角谷的日本人又把它带到亚洲,因而人们就顺势把它叫做"角谷猜想"。其实,叫它"奇偶归一猜想"更形象,也更恰当。

为什么叫它"奇偶归一猜想"呢?意思是,它算来算去,数字上上下下,最后一下子回归到最小正整数,变成一个数字:"1"。

这个数学猜想的通俗说法是这样的:

任意给一个自然数 N,如果它是偶数,就将它除以 2,如果它是奇数,则对它乘 3 再加 1,即将它变成对任意的一个自然数施行这种演算手续,经有限步骤后,最后结果必然是最小的自然数 1。

对这个猜想,你不妨任意挑几个数来试一试:

若 N=9,则 9×3+1=28,28÷2=14,14÷2=7,7×3+1=22,22÷2=11,11×3+1=34,34÷2=17,17×3+1=52,52÷2=26,26÷2=13,13×3+1=40,40÷2=20,20÷2=10,10÷2=5,5×3+1=16,16÷2=8,8÷2=4,4÷2=2,2÷2=1。

你看,经过 19 个回合(这叫"路径长度"),最后变成了"1"。

若 N=120,则 120÷2=60,60÷2=30,30÷2=15,15×3+1=46,46÷2=23,23×3+1=70,70÷2=35,35×3+1=

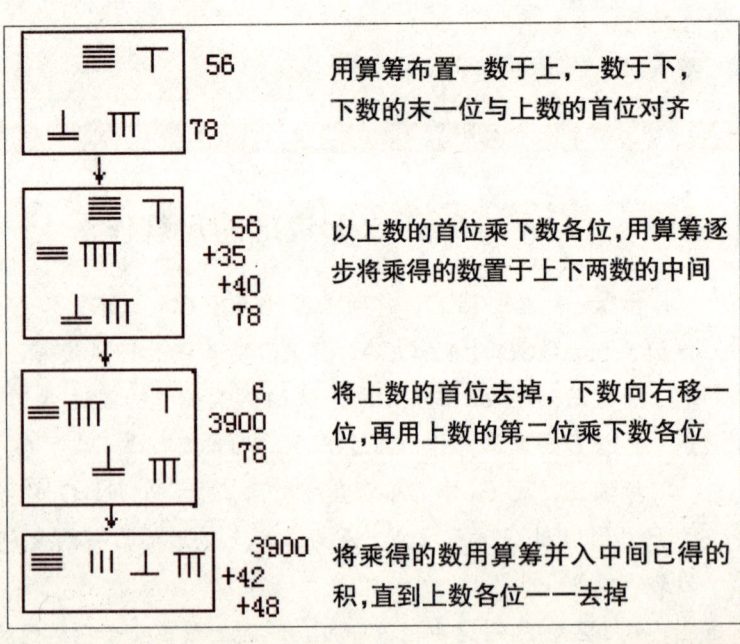

角谷猜想

106，106÷2=53，53×3+1=160，160÷2=80，80÷2=40，40÷2=20，20÷2=10，10÷2=5，5×3+1=16，16÷2=8，8÷2=4，4÷2=2，2÷2=1。

你看，经过20个回合，最后也仍然变成了"1"。

有一点更值得注意，假如N是2的正整数方幂，则不论这个数字多么庞大，它将"一落千丈"，很快地跌落到1。例如：

N=65536=2^{16}

则有：65536→32768→16384→8192→4096→2048→1024→512→256→128→64→32→16→8→4→2→1。

你看，它的路径长度为16，比9的还要小些。

我们说"1"是变化的最终结果，其实不过是一种方便的说法。严格地讲，应当是它最后进入了"1→4→2→1"的循环圈。

这一结果如此奇异，是令人难以置信的。曾经有人拿各种各样的数字来试，但迄今为止，总是发现它们最后都无一例外地进入"1→4→2→1"这个死循环。已经验证的最大数目，已达到1099511627776。

由于数学这门科学的特点，尽管有了如此众多的实例，甚至再试验下去，达到更大的数目，但我们仍不能认为"角谷猜想"已经获得证明，因此还只能称它为一个猜想。可想而知，要证明它或推翻它，都是很不容易的，要设法说出它的实质，也似乎是难上加难。

不仅如此，对于"角谷猜想"，人们在研究过程中或作出了改动，或进行了推广，得出的结果同样富有奇趣。比如，

学者盖伊

对于"角谷猜想"若作如下更动：

任给一个自然数，若它是偶数，则将它除以2；若它是奇数，则将它乘以3再减1。……如此下去，经过有限次步骤运算后，它的结果必然毫无例外地进入以下三个死循环：

① 1→2→1；② 5→14→7→20→10→5；

③ 17→50→25→74→37→110→55→164→82→41→122→61→182→91→272→136→68→34→17。

角谷猜想的一个推广是克拉茨问题。

角谷猜想的"1→4→2→1"循环实际上是进行下列函数的迭代

$$C(x) = \begin{cases} x/2 & (x\text{ 是偶数}) \\ 3x+1 & (x\text{ 是奇数}) \end{cases}$$

问题是，从任意一个自然数开始，经过有限次函数C迭代，能否最终得到循环（4，2，1），或者等价地说，最终

得到 1。据说克拉茨在 1950 年召开的一次国际数学家大会上谈起过，因而许多人称之为克拉茨问题。但是后来也有许多人独立地发现过同一个问题，所以，从此以后也许为了避免引起问题的归属争议，许多文献称之为 3x+1 问题。

克拉茨问题吸引人之处在于 C 迭代过程中一旦出现 2 的幂，问题就解决了，而 2 的幂有无穷多个，人们认为只要迭代过程持续足够长，必定会碰到一个 2 的幂使问题以肯定形式得到解决。正是这种信念使得问题每到一处，便在那里掀起一股"3x+1 问题"狂热，不论是大学还是研究机构都不同程度地卷入这一问题。然而大家都未发现反例。题意如此清晰，明了，简单，连小学生都能看懂的问题，却难倒了 20 世纪许多大数学家。著名学者盖伊在介绍这一世界难题的时候，竟然冠以"不要试图去解决这些问题"为标题。

经过几十年的探索与研究，人们似乎接受了大数学家厄特希的说法："数学还没有成熟到足以解决这样的问题！"

数学链接 SHU XUE LIAN JIE

负数克拉茨

人们在对自然数进行 C 迭代研究的同时，又想到：如果迭代在整数集上进行，其结果又会如何呢？

当 x 为正整数时，如前所述出现循环 (4，2，1)

当 x=0，出现循环 (0)

当 x=-1，-2，-3，-4 时，最终出现循环 (-1，-2)。

当 x=-5，出现循环 (-5，-14，-7，-20，-10)。

当 x=-6，-7，…，-16 时，最终出现循环 (-1，-2)，(-5，-14，-7，-20，-10)

当 x=-17，出现循环

(-17，-50，-25，-74，-37，-110，-55，-164，-82，-41，-122，-61，-182，-91，-272，-136，-68，-34)

对 x<-17 的数进行迭代，再未出现新的循环，于是，人们猜想：

如果对全体整数进行 C 迭代，只能出现上述 5 个循环。

人们已经对 $|x|<10^8$ 的负整数 x 进行了验算，证明猜想是正确的，但并没有得到一般情形的证明。

数学猜想·

不可思议的斐波那契数列

探索大自然中的神奇规律

"斐波那契数列"的发明者,是意大利数学家列昂纳多·斐波那契。他被人称作"比萨的列昂纳多"。1202年,他撰写了《珠算原理》一书。他是第一个研究了印度和阿拉伯数学理论的欧洲人。他的父亲被比萨的一家商业团体聘任为外交领事,派驻地点相当于今日的阿尔及利亚地区,列昂纳多因此得以在一个阿拉伯老师的指导下研究数学。他还曾在埃及、叙利亚、希腊、西西里和普罗旺斯研究数学。

斐波那契数列指的是这样一个数列:1、1、2、3、5、8、13、21、……这个数列从第三项开始,每一项都等于前两项之和。它的通项公式为:

$(1/\sqrt{5}) \times \{[(1+\sqrt{5})/2]^2 - [(1-\sqrt{5})/2]^2\}$。有趣的是:这样一个完全是自然数的数列,通项公式居然是用无理数来表达的。

科学家发现,一些植物的花瓣、萼片、果实的数目以及排列的方式上,都有一个神奇的规律,它们都非常符合著名的斐波那契数列。例如:蓟,它们的头部几乎呈球状,有两条不同方向的螺旋。此外还有菊花、向日葵、松果、菠萝等都是按这种方式生长的。最典型的例子就是以斐波那契螺旋方式排列的向日葵种子。仔细观察向日葵花盘,你会发现2组螺旋线,一组顺时针方向盘绕,另一组则逆时针方向盘绕,并且彼此相嵌。虽然不同的向日葵品种中,种子顺、逆时针方向和螺旋线的数量有所不同,但往往不会超出34和55、55和89或者89和144这三组数字,这每组数字都是斐波那契数列中相邻的2个数。前一个数字是顺时针盘绕的线数,后一个数字是逆时针盘绕的线数。菠萝的表面,与松果的排列略有不同。菠萝的每个鳞片都是三组不同方向螺旋线的一部分。大多数的菠萝表面分别有5条、8条和13条螺线,这些螺线也称斜列线。菠萝果实上的菱形鳞片,一行行排列起来,8

菠 萝

行向左倾斜，13行向右倾斜。挪威云杉的球果在一个方向上有3行鳞片，在另一个方向上有5行鳞片。常见的落叶松是一种针叶树，其松果上的鳞片在2个方向上各排成5行和8行，美国松的松果鳞片则在2个方向上各排成3行和5行……植物从花到叶再到种子都可以显现出对这些数字的偏好。松柏等球果类植物的种球生长非常缓慢，在此类植物的果实上也常常可以见到螺旋形的排列。这枚松果上分别有8条向左和5条向右的螺旋线，而这枚则有8条向左和13条向右的螺旋线。

如果是遗传决定了花朵的花瓣数和松果的鳞片数，那么为什么斐波那契数列会与此如此的巧合？这也是植物在大自然中长期适应和进化的结果。因为植物所显示的数学特征是植物生长在动态过程中必然会产生的结果，它受到数学规律的严格约束，换句话说，植物离不开斐波那契数列，就像盐的晶体必然具有立方体的形状一样。由于该数列中的数值越靠后越大，因此2个相邻的数字之商将越来越接近0.618034这个值。例如34/55=0.6182，已经与之接近，而这个比值的准确极限是"黄金数"。数学中，还有一个称为黄金角的数值是137.5°，这是圆的黄金分割的张角，更精确的值应该是137.50776°。与黄金数一样，黄金角同样受到植物的青睐。1979年，英国科学家沃格尔用大小相同的许多圆点代表向日葵花盘中的种子，根据斐波那契数列的规则，尽可能紧密地将这些圆点挤压在一起。他用计算机模拟向日葵的结果显示，若发散角小于137.5°，那么花盘上就会出现间隙，且只能看到一组螺旋线；若发散角大于137.5°，花盘上也会出现间隙，而此时

蓟

又会看到另一组螺旋线；只有当发散角等于黄金角时，花盘上才呈现彼此紧密镶合的2组螺旋线。所以，向日葵等植物在生长过程中，只有选择这种数学模式，花盘上种子的分布才最为有效，花盘也变得最坚固壮实，产生后代的概率也最高。如此的原因很简单：这样的布局能使植物的生长疏密得当、最充分地利用阳光和空气，所以很多植物都在亿万年的进化过程中演变成了如今的模样。当然受气候或病虫害的影响，真实的植物往往没有完美的斐波那契螺旋。例如带小花的大向日葵的管状小花排列成两组交错的斐波那契螺旋，并且顺时针和逆时针螺旋的条数恰是斐波那契数列中相邻的两项，其中顺时针的螺旋有34条，逆时针的螺旋有55条。蒲公英和松塔也是以斐波那契螺旋排列种子或鳞片的。

斐波那契数列出现在许多植物中已是司空见惯。百合有3个花瓣，桃花是5个，这些都是斐波那契数列中的数字。向日葵种子的排列可同时看作是两组螺旋线，如果沿顺时针旋转螺旋的数目是某个斐波那契数，则沿逆时针旋转螺旋的数目一定是相邻的另一个斐波那契数。而在最常见的菠萝表面，其鳞片的排列一般是（5，8）和（8，13）这样的两对斐波那契螺旋数。大自然就是这么的精确，这么的不可思议。

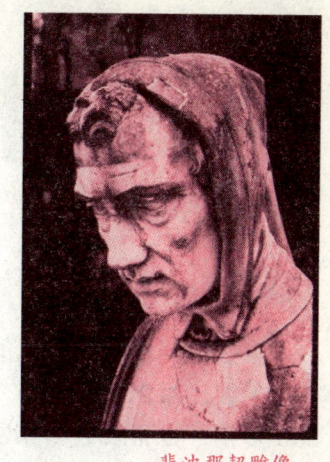

斐波那契雕像

斐波那契弧线

斐波那契弧线，第一，此趋势线以两个端点为准而画出，例如，最低点反向到最高点线上的两个点。三条弧线均以第二个点为中心画出，并在趋势线的斐波那契水平：38.2%，50%和61.8%交叉。斐波那契弧线，是潜在的支持点和阻力点水平价格。斐波那契弧线和斐波那契扇形线常常在图表里同时绘画出。支持点和阻力点就是由这些线的交会点得出。要注意的是弧线的交叉点和价格曲线会根据图表数值范围而改变，因为弧线是圆周的一部分，它的形成总是一样的。

梅森素数

千年不休的探寻之旅

素数也叫质数,是只能被1和自身整除的数,如2、3、5、7等等。公元前300多年,古希腊数学家欧几里得用反证法证明了素数有无穷多个,并提出了少量素数可写成 2^p-1(其中指数 p 为素数)的形式。此后许多数学家,包括数学大师费马、笛卡尔、莱布尼茨、哥德巴赫、欧拉、高斯、哈代、图灵等都研究过这种特殊形式的素数,而17世纪的法国数学家梅森是其中成果最为卓著的一位。

由于梅森学识渊博,才华横溢,并是法兰西科学院的奠基人,为了纪念他,数学界就把 2^p-1 型的数称为"梅森数",并以 M_p 记之(其中M为梅森姓氏的首字母);如果 M_p 为素数,则称之为"梅森素数"。2300多年来,人类仅发现46个梅森素数。由于这种素数珍奇而迷人,因此被人们誉为"数学海洋中的璀璨明珠"。梅森素数一直是数论研究的一项重要内容,也是当今科学探索的热点和难点。

梅森素数貌似简单,但研究难度却很大。它不仅需要高深的理论和纯熟的技巧,而且还需要进行艰巨的计算。1772年,瑞士数学大师欧拉在双目失明的情况下,靠心算证明了 M^{31}(即 $2^{31}-1=2147483647$)是一个素数。它具有10位数字,堪称当时世界上已知的最大素数。欧拉的毅力与技巧都令人赞叹不已,他因此获得了"数学英雄"的美誉。难怪法国大数学家拉普拉斯向他的学生们说:"读读欧拉,他是我们每一个人的老师。"在"手算笔录年代",人们历尽艰辛,仅找到12个梅森素数。

电子计算机的出现,大大加快了探究梅森素数的步伐。1952年,美国数学家鲁滨逊等人将著名的卢卡斯-雷默方法编译成计算机程序,使用SWAC型计算机在短短几小时之内,就找到了5个梅森素数:M^{521}、M^{607}、M^{1279}、M^{2203} 和 M^{2281}。

1963年9月6日晚上8点,当第23个梅森素数 M^{11213} 通过大型计算机被找到时,美国广播公司(ABC)中断了正常的节目播放,在第一时间发布了这一重要消息。发现这一素数的美国伊利

梅森素数

诺伊大学数学系全体师生感到无比骄傲,为让全世界都分享这一成果,以至把所有从系里发出的信封都盖上了"$2^{11213}-1$是个素数"的邮戳。

随着素数 p 值的增大,每一个梅森素数 M^p 的产生都艰辛无比;而各国科学家及业余研究者们仍乐此不疲,激烈竞争。例如,在 1979 年 2 月 23 日,当美国克雷研究公司的计算机专家史洛温斯基和纳尔逊宣布他们找到第 26 个梅森数 M^{23209} 时,有人告诉他们:在两星期前美国加州的高中生诺尔就已经给出了同样结果。为此他们又花了一个半月的时间,使用 Cray—1 型计算机找到了新的梅森素数 M^{44497}。这件事成了当时不少报纸的头版新闻。为与美国较量,英国原子能技术权威机构——哈威尔实验室专门成立了一个研究小组来寻找更大的梅森素数。他们用了两年时间,花了 12 万英镑的经费,于 1992 年 3 月 25 日找到了新的梅森素数 M^{756839}。不过,1994 年 1 月 14 日,史洛温斯基等人为美国再次夺回发现"已知最大素数"的桂冠——这一素数是 M^{859433}。由于史洛温斯基一共发现 7 个梅森素数,他被人们誉为"素数大王"。

由于梅森素数在正整数中的分布是时疏时密极不规则的,因此研究梅森素数的重要性质——分布规律似乎比寻找新的梅森素数更为困难。数学家们在长期的摸索中,提出了一些猜想。英国数学家香克斯、法国数学家伯特兰和托洛塔、印度数学家拉曼纽杨、美国数学家吉里斯和德国数学家伯利哈特等都曾分别给出过关于梅森素数分布的猜测,但他们的猜测有一个共同点,就是都以近似表达式给出,而与实际情况的接近程度均难如人意。

中国数学家和语言学家周海中对梅森素数研究多年,他运用联系观察法和不完全归纳法,于 1992 年首先给出了梅森素数分布的精确表达式,从而揭示了梅森素数的重要规律,为人们探究这一素数提供了方便。后来这一科研成果被国际上称为"周氏猜测"。

网格这一崭新技术的出现使梅森素数的探寻如虎添翼。1996 年初,美国数学家和程序设计师沃特曼编制了一个梅森素数计算程序,并把它放在网页上供数学家和数学爱好者免费使用,这就是著名的 GIMPS 项目。该项目采取网格计算方式,利用大量普通计算机的闲置时间来获得相当于超级计算机的运算能力。只要人们去 GIMPS 的主页下载那个免费程序,就可以立即参加 GIMPS 项目去搜寻梅森素数。人们通过 GIMPS 项目找到了 12 个梅森素数,其发现者来自美国、英国、法国、德国和加拿大。现在,世界上有 160 多个国家和地区近 16 万人参加了这一项目,并动用了 30 多万台计算机联网来进行网格计算。该项目的计算能力已超过当今世界上任何一台最先进

梅森

的超级矢量计算机的计算能力,运算速度超过每秒350万亿次。为了激励人们寻找梅森素数,设在美国的电子新领域基金会(EFF)不久前向全世界宣布了为通过GIMPS项目来探寻梅森素数而设立的奖金。它规定向第一个找到超过1000万位数的个人或机构颁发10万美元。后面的奖金依次为:超过1亿位数,15万美元;超过10亿位数,25万美元。由于史密斯发现的梅森素数已超过1000万位,他将有资格获得EFF颁发的10万美元大奖。

梅森素数在当代具有十分丰富的理论意义和实用价值。它是发现已知最大素数的最有效途径;它的探究推动了数学皇后——数论的研究,促进了计算技术、程序设计技术、密码技术的发展以及快速傅立叶变换的应用。

探寻梅森素数最新的意义是:它促进了网格技术的发展。而网格技术将是一项应用非常广阔、前景十分诱人的技术。另外,探寻梅森素数的方法还可用来测试计算机硬件运算是否正确。

由于探寻梅森素数需要多种学科和技术的支持,所以许多科学家认为:梅森素数的研究成果,在一定程度上反映了一个国家的科技水平。英国顶尖科学家索托伊甚至认为它是标志科学发展的里程碑。可以相信,梅森素数这颗数学海洋中的璀璨明珠正以其独特魅力,吸引着更多的有志者去探寻和研究。

数学链接 SHU XUE LIAN JIE   数学链接 SHU XUE LIAN JIE   数学链接 SHU XU

网　格

网格(Grid)这个词来自于电力网格(PowerGrid)。"网格"与"电力网格"形神相似。一方面,计算机网纵横交错,很像电力网;另一方面,电力网格用高压线路把分散在各地的发电站连接在一起,向用户提供源源不断的电力。用户只需插上插头、打开开关就能用电,一点都不需要关心电能是从哪个电站送来的,也不需要知道是水力电、火力电还是核能电。建设网格的目的也是一样,其最终目的是希望它能够把分布在因特网上数以亿计的计算机、存储器、贵重设备、数据库等结合起来,形成一个虚拟的、空前强大的超级计算机,满足不断增长的计算、存储需求,并使信息世界成为一个有机的整体。

网格利用互联网把地理上广泛分布的各种资源(包括计算资源、存储资源、带宽资源、软件资源、数据资源、信息资源、知识资源等)连成一个逻辑整体,就像一台超级计算机一样,为用户提供一体化信息和应用服务(计算、存储、访问等),虚拟组织最终实现在这个虚拟环境下进行资源共享和协同工作的目的,彻底消除资源"孤岛",最充分地实现信息共享。

孪生素数猜想
现代素数理论中的中心问题之一

1849年，波林那克提出孪生素数猜想，即猜测存在无穷多对孪生素数。孪生素数是指一对素数，它们之间相差2。例如3和5，5和7，11和13，10016957和10016959等等都是孪生素数。孪生素数猜想，即是否存在无穷多对孪生素数，是数论中未解决的一个重要问题。哈代—李特尔伍德猜想是孪生素数猜想的一个增强形式，猜测孪生素数的分布与素数定理中描述的素数分布规律相类似。

孪生素数是有限个还是有无穷多个？这是一个至今都未解决的数学难题，一直吸引着众多的数学家孜孜以求地钻研。早在20世纪初，德国数学家兰道就推测孪生素数有无穷多，许多迹象也越来越支持这个猜想，最先想到的方法是使用欧拉在证明素数有无穷多个所采取的方法，设所有的素数的倒数和为：

$S = 1/2 + 1/3 + 1/5 + 1/7 + 1/11 + \cdots$

如果素数是有限个，那么这个倒数和自然是有限数。但是欧拉证明了这个和是发散的，即是无穷大，由此说明素数有无穷多个。1919年，挪威数学家布隆仿照欧拉的方法，求所有孪生素数的倒数和：

$B = (1/3+1/5) + (1/5+1/7) + (1/11+1/13) + \cdots$

如果也能证明这个和比任何数都大，就证明了孪生素数有无穷多个了。这个想法很好，可是事实却违背了布隆的意愿。他证明了这个倒数和是一个有限数，现在这个常数就被称为布隆常数：$B = 1.90216054\cdots$布隆还发现，对于任何一个给定的整数m，都可以找到m个相邻素数，其中没有一个孪生素数。

孪生素数有一个十分精确的普遍公式，是根据一个定理："若自然数Q与$Q+2$都不能被不大于根号$(Q+2)$的任何素数整除，则Q与$Q+2$是一对素数，称为相差2的孪生素数。这一句话可以用公式表达：

$Q = p_1 m_1 + b_1 = p_2 m_2 + b_2 = \cdots = p_k m_k + b_k$ （1）

其中p_1，p_2，$\cdots$，p_k表示顺序素数2，3，5，$\cdots$。$b \neq 0$，$b \neq p_i - 2$。（即最小剩余不能是0和p_{i-2}。不能是$2m$，$3m$，$5m$，$\cdots$，$p_k m$形，不能是$3m+1$，$5m+3$，$7m+5$，$\cdots$，$p_k m - 2$形）。若$Q < P_{(k+1)}^2 - 2$，则Q与$Q+2$是一对孪生素数。

例如，29，29和29+2不能被不大于根号（29+2）的任何素数2，3，5整除，$29 = 2m+1 = 3m+2 = 5m+4$，$29 < 49-2$（即7的平方减2）所以29与29+2是一对孪生素数。

上式可以用同余式组表示：

$Q \equiv b_1 \pmod{p_1}$，$Q \equiv b_2 \pmod{p_2}$，$\cdots$，$Q \equiv b_k \pmod{p_k}$。

(2)

由于（2）式的模 p_1，p_2，$\cdots$，p_k 两两互素，根据孙子（中国剩余）定理，对于给定的 b 值，（2）式在 $p_1p_2\cdots p_k$ 范围内有唯一的解。例如 29，$29 \equiv 1 \pmod{2}$，$29 \equiv 2 \pmod{3}$，$29 \equiv 4 \pmod{5}$。29 小于 7 的平方减 2，即 49-2。所以 29 是一个素数。29 在 $2\times3\times5=30$ 范围内有唯一解。

例如，$k=1$ 时，$Q=2m+1$，解得 $Q=3$ 和 5，5<3 的平方减 2，得知 3 与 3+2，5 与 5+2 是两对孪生素数。从而得到了 3 至 3 的平方区间的全部孪生素数。$k=2$ 时，$Q=2m+1=3m+2$。解得 $Q=5$，11，17。17<5 的平方减 2，得知 11 与 11+2，17 与 17+2 是孪生素数对，从而得到 5 至 5 的平方区间的全部孪生素数。

$k=3$ 时，
|-5m+1-|-5m+2-|-5m+4-|
……
$Q=2m+1=3m+2$
 =|-11-，-41-；|-17-|-29-|
……

从而求得了 7 至 7 的平方区间的全部孪生素数对。

$k=4$，时，解得：
****************************|-7m+1-|-7m+2-|-7m+3-|-7m+4-|-7m+6-|
$Q=2m+1=3m+2=5m+1$ =|--71--|--191--|--101--|--11--|--41--|

$Q=2m+1=3m+2=5m+2$ =|--197--|--107--|--17--|--137--|--167--|

$Q=2m+1=3m+2=5m+4$ =|--29--|--149--|--59--|--179--|--209--|
……

求得了 11 至 11 平方区间的全部解。仿此下去，可以求得任意给定的数以内的全部孪生素数，并且一个不漏地得到。注意，在 $k \geq 4$ 时，利用表格，我们不需要通过计算，或者埃拉托塞尼筛法求得解，而是只要填写即可。表格的数字十分有规律。人类已经不依赖埃氏筛。可以通过组装或者克隆素数。这对大数密码是一个强烈的冲击。

由于 $b \neq 0$，(1)、(2) 式的本质就是从 $p_1p_2p_3\cdots p_k$ 中筛去 p_1m，p_2m，$\cdots$，p_km 形的数 k 次；由于 $b \neq p_i-2$，(1)、(2) 式是从 $p_1p_2p_3\cdots p_k$ 中筛去 p_1m-2，p_2m-2，p_3m-2，$\cdots$，p_km-2 形的数 k 次，共筛 $2k$ 次。

孪生素数猜想就是要证明 (1) 式或者 (2) 式在 k 值任意大时都有小于 $p(k+1)$ 平方减 2 的解。利用 (1)(2) 式证明孪生素数猜想变得十分容易，希尔伯特等数学家都是这样认为的。

根据孙子定理得知，(1)、(2) 式在 $p_1p_2p_3\cdots p_k$ 范围内有：

$(2-1) \times (3-2) \times (5-2) \times \cdots \times (p_k-2)$。(3) 个解。

孪生素数的筛法就是在埃拉托塞尼的筛后再筛去 $pm-2$ 型的数。

1966 年，中国数学家陈景润在这方面得到最好的结果：存在无穷多个素数 p，使 $p+2$ 是不超过两个素数之积。

若用 $p(x)$ 表示小于 x 的孪生素数对的个数。下表是 1011 以下的孪生素数分布情况：

x	$p(x)$
1000	35
10000	205
100000	1224
1000000	8169
10000000	58980
100000000	440312
1000000000	3424506
10000000000	27412679
100000000000	224376048

$p(x)$ 与 x 之间的关系是什么样的呢？1922 年，英国数学家哈代和李特伍德提出一个数分布的猜想：

$$p(x) \approx 2cx/(\ln x)^2$$

其中常数 $c = (1-1/2^2)(1-1/4^2)(1-1/6^2)(1-1/10^2)\cdots$

即，对于每一个素数 p，计算 $(1-1/(p-1)^2)$，再相乘。经过计算得知 $c \approx 0.66016$ 称为孪生素数常数，这个猜想如上所述有可能是正确的，但是至今也未获证明。

证明孪生素数猜想的另一类结果是估算性的，这类结果估算的是相邻素数之间的最小间隔，更确切地说是：

$$\Delta := \lim_{n \to \infty} \inf [(p_{n+1}-p_n)/\ln(p_n)]$$

这个表达式定义的是两个相邻素数之间的间隔与其中较小的那个素数的对数值之比在整个素数集合中所取的最小值。很显然孪生素数猜想如果成立，那么 Δ 必须等于 0，因为孪生素数猜想表明 $p_{n+1}-p_n=2$ 对无穷多个 n 成立，而 $\ln(p_n) \to \infty$，因此两者之比的最小值对于孪生素数集合（从而对于整个素数集合也）趋于零。不过要注意 $\Delta=0$ 只是孪生素数猜想成立的必要条件，而不是充分条件。换句话说如果能证明 $\Delta \neq 0$ 则孪生素数猜想就不成立，但证明 $\Delta=0$ 却并不意味着孪生素数猜想就一定成立。

对于 Δ 最简单的估算来自于素数定理。按照素数定理，对于足够大的 x，在 x 附近素数出现的概率为 $1/\ln(x)$，这表明素数之间的平均间隔为 $\ln(x)$（这也正是 Δ 的表达式中出现 $\ln(p_n)$ 的原因），从而 $(p_{n+1}-p_n)/\ln(p_n)$ 给出的其实是相邻素数之间的间隔与平均间隔的比值，其平均值显然为 1。平均值为 1，最小值显然是小于等于 1，因此素数定理给出 $\Delta \leq 1$。

"孪生素数猜想"与著名的"哥德巴赫猜想"是姐妹问题，它也是现代素数理论中的中心问题之一，谁能解决它（不论是证明或否定），必将成为名扬千古的历史人物。

回文素数

回文素数是一个既是素数又是回文数的整数。回文素数是非常有意思的素数，最小的是 131，还有孪生素数 151，181，191，313，353，373，383，757，787，797 等等。回文素数与记数系统的进位制有关。目前还不知道在十进制中是否有无穷多个回文素数。

卡迈克猜想

| 谜一样的数字 |

卡迈克猜想是美国数学家卡迈克研究极端伪素数提出的，这种猜想应追溯到皮埃尔·德·费马1636年发现的费马小定理。在一封1640年10月18日的信中费马第一次使用了上面的书写方式。在信中他还提出 a 是一个质数的要求，但是这个要求实际上是不存在的。

与费马小定理相关的有一个中国猜想，这个猜想是中国数学家提出来的，其内容为：当且仅当 $2^{(p-1)} \equiv 1 \pmod{p}$，$p$ 是一个质数。假如 p 是一个质数的话，则 $2^{(p-1)} \equiv 1 \pmod{p}$ 成立（这是费马小定理的一个特殊情况）是对的。

但反过来，假如 $2^{(p-1)} \equiv 1 \pmod{p}$ 成立那么 p 是一个质数是不成立的（比如341符合上述条件但不是一个质数）。因此整个来说这个猜想是错误的。一般认为中国数学家在费马前2000年的时候就已经认识中国猜测了，但也有人认为实际上中国猜测是1872年提出的，认为它早就为人所知是出于一个误解。

众所周知，费马小定理的逆定理是不成立的，1819年，法国数学家沙路斯发现，虽然341整除2×341−2，但341是合数，341=11×31。这一反例表明费马小定理的逆定理不成立。1830年，一位匿名德国数

x	$x(x)$	$x/\ln x$	$x(x)/x$	$\pi(x)/\ln x/x$
1000	168	144.76⋯	0.168⋯	1.1605⋯
2000	303	263.12⋯	0.151⋯	1.1515⋯
5000	609	587.04⋯	0.133⋯	1.1396⋯
10000	1229	1085.73⋯	0.122⋯	1.1319⋯
50000	5133	4621.16⋯	0.102⋯	1.1107⋯
100000	9592	8685.88⋯	0.095⋯	1.1043⋯
500000	41538	38102.89⋯	0.083⋯	1.0901⋯

素数分布

学家指出更一般的构造反例的方法，他指出，只要能找到两个奇素数 p 和 q，使它们的积 pq 能同时整除 $2p-1-1$ 与 $2q-1-1$，那么就可得到 pq 整除 $2pq-1-1$。按此方法，人们发现除 341 外，还有 561，645，1105，1389，1729，1905 等也具有上述性质。于是，人们把能整除 $2n-2$ 的合数 n 称为伪素数。1926 年，普列特制成 5000 万以内的伪素数表，1938 年他又推进上限到 1 亿，为此，有时伪素数亦被称为普列特数。

提出伪素数后自然就产生了类似素数的问题，并得到人们的研究。如伪素数有多少个？人们指出，伪素数有无穷多，1903 年麦洛用一个构造性方法对此加以证明。他证明了，若 n 是奇伪素数，那么，$n=2n-1-1$ 也是奇伪素数，我们已知有奇伪素数 $n_0=341$，按此法就可以构造出无穷多的奇伪素数来。再如是否存在偶伪素数？1950 年，美国数学家莱默尔找到了第一个偶伪素数 161038，$161038=2 \times 73 \times 1103$，73|($2^{161038}-2$)，1103|($2^{16038}-2$)。1951 年，荷兰的毕格尔又找到了一个偶伪素数，并证明了存在无穷多个偶伪素数。

人们自然会想到，如果 n 能够整除一切形如 $a^{(n-1)}-1$（a 与 n 互素）的数，则 n 总该是素数。结果并不如此简单，竟然有这样的数 n，它能整除所有的 $a^{(n-1)}-1$（a 与 n 互素）。这种极端的伪素数就称为卡迈克数，因为美国数学家卡迈克首先研究了这种极端伪素数，他发现 561 能整除一切 $a^{(n-1)}-1$（a 与 n 互素）的数，但是 $561=3 \times 11 \times 17$，卡迈克还得出了一个判定卡迈克数的定则：（1）$n$ 不包含平方因数；（2）n 是奇数，至少含有三个不同的素因数；（3）对于 n 的每一个素因数，$n-1$ 能被 $p-1$ 整除。例如，$8911=7 \times 19 \times 67$，显然满足条件（1）、（2），$7-1=6$、$19-1=18$、$67-1=66$ 都能整除 $8911-1=8910$，即满足条件（3），故 8911 是卡迈克数。1939 年，数学家切尼克给出了一种构造卡迈克数的方法：设 m 为自然数，且使得 $(6m+1)$，$(12m+1)$，$(18m+1)$ 都是素数，则 $M_3(m) = (6m+1)(12m+1)(18m+1)$ 是具有 3 个素因子的卡迈克尔数。例如：取 $m=1$，则有 $M_3(1) = 7 \times 13 \times 19 = 1729$ 是卡迈克数，类似地，自然数 m 是使得 $M_k(m) = (6m+1)(12m+1)(9 \times 2m+1) \cdots (9 \times 2k-2m+1)$ ($k \geq 4$) 中 k 个因子都是素数，则 $M_k(m)$ 是含有 k 个素数因子的卡迈克尔数。1985 年，杜伯纳得到了下面一些巨大的卡迈克数：$m = 5 \times 7 \times 11 \times 13 \times \cdots \times 397 \times 882603 \times 10185$ 时的含有 3 个素数因子的卡迈克数 $M_3(m)$ 是一个 1057 位数，这是目前知道的最大的卡迈克数。其他的还有：

$m = 323323 \times 655899 \times 1040/6$ 时的 $M_4(m)$ 是个 207 位数的卡迈克数；

$m = 323323 \times 426135 \times 1016/6$ 时的 $M_5(m)$ 是个 139 位数的卡迈克数；

$m = 323323 \times 239556 \times 107/6$ 时的 $M_6(m)$ 是个 112 位数的卡迈克数；

$m = 323323 \times 160 \times 8033$ 时的 $M_7(m)$ 是个 93 位数的卡迈克数。

1978 年，约里纳戈发现了 8 个卡迈克数，它们都具有 13 个素数因子，这是目前所知道的含有素数因子最多的一组卡迈克数。下表是目前所知道的小于 x 的以 2 为底的伪素数个数 $P(x)$ 与卡迈克数的个数 $C(x)$ 的分布情况。

x	P(x)	C(x)
1000	8	1
10000	22	7
100000	78	16
1000000	245	43
10000000	750	105
100000000	2057	255
1000000000	5597	646
10000000000	14887	1547

不超过 100000 的 16 个卡迈克数如下：

561，1105，1729，2465，2821，6601，8911，10585，15841，29341，41041，46657，52633，62745，63973，75361。

一直困惑人们的问题是：（1）如前述，以 a 为底的伪素数有无穷多，但同时以两个不同正整数 a, b 为底的伪素数是否也有无穷多？尚不知晓，甚至连 $a=2, b=3$ 的特殊情形也没有解决。（2）卡迈克数是否有无穷多个？这就是有关卡迈克数的猜想。

谜一样的数字引发了人们思考，它的未来与求证急切地需要你的参与。

数学链接 SHU XUE LIAN JIE　　**数学链接** SHU XUE LIAN JIE　　**数学链接** SHU XU

伪素数及其发现

伪素数是指若 n 能整除 $2^{(n-1)}-1$，并且 n 是非偶数的合数，那么 n 就是伪素数。伪素数，又叫做伪质数：它满足费马小定理，但其本身却不是素数。最小的伪素数是 341。有人已经证明了伪素数的个数是无穷的。事实上，费马小定理给出的是关于素数判定的必要非充分条件。

1819 年，萨鲁斯发现第一个伪素数 341。1903 年，马洛证明：若 n 为伪素数，则 $m=2^{(n-1)}-1$ 也是一个伪素数，从而肯定了伪素数的个数是无穷的。1950 年，发现第一个偶伪素数 $161038=2\times73\times1103$。1951 年，皮格证明了存在无限多个偶伪素数。

莱默猜想

同余式解法

莱默，20世纪美国著名数学家。莱默的贡献主要在数论领域，他也是一位计算数学家。他对卢卡斯函数、连分式、伯努利数与多项式、丢番图方程、数值方程、解析数论、模形式、筛法以及计算技术等都有研究。他曾解决过数论中的不少问题，如大整数的分解与是否素数的检验，并发现了伪平方数。他第一个用电子计算机对黎曼f函数的根进行了大规模计算，得到了临界线上前1万个零点，后又增加到2.5千个零点。

莱默猜想究竟如何呢？同余式 $MM' =1 \bmod p$……其中p为奇素数，它的解的情形与性质，显然是使用中国剩余定理的一个重要问题。从《孙子算经》到秦九韶《数书九章》中对一次同余式问题的研究成果，在19世纪中期开始受到西方数学界的重视。1852年，英国传教士伟烈亚力向欧洲介绍了《孙子算经》的"物不知数"题和秦九韶的"大衍求一术"；1876年，德国人马蒂生指出，中国的这一解法与西方19世纪高斯《算术探究》中关于一次同余式组的解法完全一致。从此，中国古代数学的这一创造

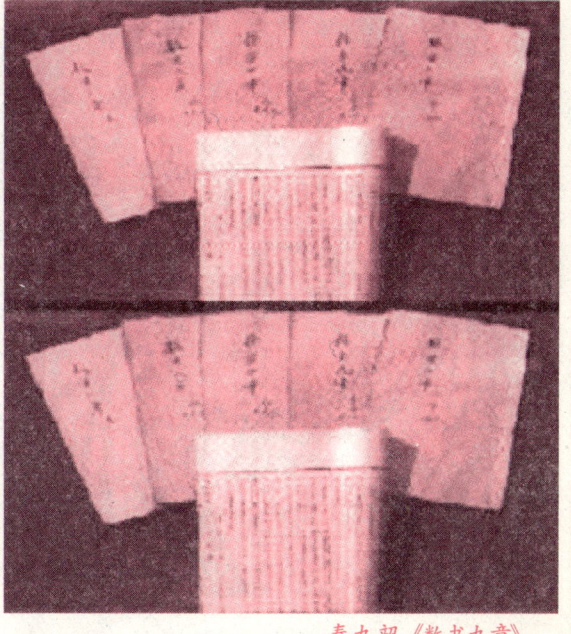

秦九韶《数书九章》

逐渐受到世界学者的瞩目,并在西方数学史著作中正式被称为"中国剩余定理"。

关于中国剩余定理的一次同余式解法还有一个"韩信点兵"的故事。韩信是汉高祖刘邦手下的大将,他英勇善战,智谋超群,为汉朝建立了卓绝的功劳。据说韩信的数学水平也非常高超,他在点兵的时候,为了保住军事机密,不让敌人知道自己部队的实力,先令士兵从1至3报数,然后记下最后一个士兵所报之数;再令士兵从1至5报数,也记下最后一个士兵所报之数;最后令士兵从1至7报数,又记下最后一个士兵所报之数;这样,他很快就算出了自己部队士兵的总人数,而敌人则始终无法弄清他的部队究竟有多少名士兵。这个故事中所说的韩信点兵的计算方法,就是现在被称为"中国剩余定理"的一次同余式解法。它是中国古代数学家的一项重大创造,在世界数学史上具有重要的地位。

这里说的同余式 $MM'=1 \pmod b$ ……中的奇素数是指不能被2整除而且因数只有1和它本身的正整数。奇素数指的是奇数的质数。既是奇数,又是素数(质数)。比如3,5,7,11……除了2以外,所有的素数(质数)都是奇素数。设 $M=np+r$,$M'=n'p+r'$,其中 $0<r<p$,$0<r'<p$,则有 $MM'=rr' \pmod p$,因此解同余式 $MM'=1 \pmod p$,只需考虑 M 与 M' 介于 0 与 p 之间的解。例如,$p=13$ 时,对应的解有 $(M, M')=$ (1, 1),(2, 7),(3, 9),(4, 10),(5, 8),(6, 11),(7, 2),(8, 5),(9, 3),(10, 4),(11, 6),(12, 12)。其中 (1, 1) 是显而易见的,无论 p 为何值,(1, 1) 都是 (1) 式的解,称为平凡解。

人们更关心非平凡解的性质。非平凡解是矩阵代数中的定义,$AX=0$,行列式 $|A|\sim=0$,则 X 有非平凡解,否则,只有平凡解 $X=0$。因为任何线性空间的子空间都过零点,所以明显的等于 0 的时候解是成立的,但这显然没什么意义,说这个 0 解是平凡的,否则,就存在不平凡解了。

数学家莱默希望人们关注 M 与 M' 的奇偶性相反的解,将其解的个数记为 np。例如,$n13=6$,

韩信

即 (2, 7), (5, 8), (6, 11), (7, 2), (8, 5), (11, 6)。现在已经求出 $n_3=0$, $n_5=2$, $n_7=0$, $n_{11}=4$, $n_{13}=6$, $n_{17}=10$, $n_{19}=4$, $n_{23}=12$, $n_{29}=18$, $n_{31}=4$。莱默由此归纳出：当 $p=4n-1$ 时，n_p 能被 4 整除，即 $n_p=0$ (mod 4)；当 $p=4n+1$ 时，n_p 被 4 除余 2，即 $n_p=2$ (mod 4)。莱默不仅希望人们关注 M 与 M′ 的奇偶性相反的解，更希望人们从此爱上数学，爱上科学。这一猜想是否正确，尚未得知。

《数书九章》与中国剩余定理

《孙子算经》的"物不知数"题虽然开创了一次同余式研究的先河，但由于题目比较简单，甚至用试猜的方法也能求得，所以尚没有上升到一套完整的计算程序和理论的高度。真正从完整的计算程序和理论上解决这个问题的，是南宋时期的数学家秦九韶。秦九韶在他的《数书九章》中提出了一个数学方法"大衍求一术"，系统地论述了一次同余式组解法的基本原理和一般程序。我们可以从"物不知数"题的几个关键数字 70、21、15 中找到如下的规律：其中 70 是 5 和 7 的倍数，但被 3 除余 1；21 是 3 和 7 的倍数，但被 5 除余 1；15 是 3 和 5 的倍数，但被 7 除余 1，任何一个一次同余式组，只要根据这个规律求出那几个关键数字，那么这个一次同余式组就不难解出了。为此，秦九韶提出了乘率、定数、衍母、衍数等一系列数学概念，并详细叙述了"大衍求一术"的完整过程。（由于解法过于繁细，我们在这里就不展开叙述了，有兴趣的读者可进一步参阅有关书籍。）直到此时，由《孙子算经》"物不知数"题开创的一次同余式问题，才真正得到了一个普遍的解法，才真正上升到了"中国剩余定理"的高度。

欧拉猜想

三十六军官问题

欧拉是18世纪最优秀的数学家，他在数论、几何学、天文数学、微积分等多个数学领域中都取得了出色的成就，一生著作颇丰，很是令人敬仰。

莱昂哈德·欧拉，1707年出生在瑞士的巴塞尔城，小时候他就特别喜欢数学，不满10岁就开始自学《代数学》。这本书连他的几位老师都没读过，可小欧拉却读得津津有味，遇到不懂的地方，就用笔作个记号，事后再向别人请教。13岁就进巴塞尔大学读书，这在当时是个奇迹，曾轰动了数学界。小欧拉是这所大学，也是整个瑞士大学校园里年龄最小的学生。在大学里得到当时最有名的数学家微积分权威约翰·伯努利的精心指导，并逐渐与其建立了深厚的友谊。约翰·伯努利后来曾这样称赞青出于蓝而胜于蓝的学生："我介绍高等分析时，他还是个孩子，而你将他带大成人。"两年后的夏天，欧拉获得巴塞尔大学的学士学位，次年，欧拉又获得巴塞尔大学的哲学硕士学位。1725年，欧拉开始了他的数学生涯。

在欧拉的一生当中，他曾经提出过

印有欧拉头像的邮票

数学猜想·

$$\gamma = \sum_{m=2}^{\infty} \frac{(-1)^m \zeta(m)}{m}$$
$$= \ln\left(\frac{4}{\pi}\right) + \sum_{m=1}^{\infty} \frac{(-1)^{m-1}\zeta(m+1)}{2^m(m+1)}.$$
$$\gamma = \frac{3}{2} - \ln 2 - \sum_{m=2}^{\infty} (-1)^m \frac{m-1}{m}[\zeta(m)-1].$$
$$= \lim_{n \to \infty} \left[\frac{2n-1}{2n} - \ln n + \sum_{k=2}^{n}\left(\frac{1}{k} - \frac{\zeta(1-k)}{n^k}\right)\right].$$
$$= \lim_{n \to \infty} \left[\frac{2^n}{e^{2^n}} \sum_{m=0}^{\infty} \frac{2^{mn}}{(m+1)!} \sum_{t=0}^{m} \frac{1}{t+1} - n\ln 2 + O\left(\frac{1}{2^n e^{2^n}}\right)\right]$$
$$\gamma = \lim_{s \to 1^+} \sum_{n=1}^{\infty}\left(\frac{1}{n^s} - \frac{1}{s^n}\right) = \lim_{s \to 1}\left(\zeta(s) - \frac{1}{s-1}\right).$$
$$\gamma = \lim_{x \to \infty}\left[x - \Gamma\left(\frac{1}{x}\right)\right]$$
$$= \lim_{n \to \infty} \frac{1}{n} \sum_{k=1}^{n}\left(\left\lceil\frac{n}{k}\right\rceil - \frac{n}{k}\right).$$
$$\gamma = \sum_{k=1}^{n} \frac{1}{k} - \ln(n) - \sum_{m=2}^{\infty} \frac{\zeta(m,n+1)}{m}$$

与ζ函数的关系

很多问题,但有一个问题却让人难以忘记。内容为:从不同的6个军团各选6种不同军阶的6名军官共36人,排成一个6行6列的方阵,使得各行各列的6名军官恰好来自不同的军团而且军阶各不相同,应如何排这个方队?如果用(1,1)表示来自第一个军团具有第一种军阶的军官,用(1,2)表示来自第一个军团具有第二种军阶的军官,用(6,6)表示来自第六个军团具有第六种军阶的军官,则欧拉的问题就是如何将这36个数对排成方阵,使得每行每列的数无论从第一个数看还是从第二个数看,都恰好是由1、2、3、4、5、6组成。历史上称这个问题为三十六军官问题。三十六军官问题提出后,很长一段时间没有得到解决,直到20世纪初才被证明这样的方队是排不起来的。尽管很容易将三十六军官问题中的军团数和军阶数推广到一般的 n 的情况,而相应的满足条件的方队被称为 n 阶欧拉方。

欧拉曾猜测:对任何非负整数 t, n=4t+2 阶欧拉方都不存在。t=1 时,这就是三十六军官问题,而 t=2 时, n=10,

数学家们构造出了10阶欧拉方，这说明欧拉猜想不对。但到1960年，数学家们彻底解决了这个问题，证明了$n=4t+2$ ($t≥2$)阶欧拉方都是存在的。这种方阵在近代组合数学中称为正交拉丁方，正交拉丁方是指两个n阶拉丁方在同一位置上的数依次配置成对时，如果这两个有序数对恰好各不相同（一般处理方法为把当中某些行或列对调），（这种相同即经过有限次旋转和镜像对称后不重合）。下面是两个互为正交的4阶拉丁方

　　(4.1)　(3.3)　(2.4)　(1.2)
　　(2.2)　(1.4)　(4.3)　(3.1)
　　(1.3)　(2.1)　(3.2)　(4.4)
　　(3.4)　(4.2)　(1.1)　(2.3)

欧拉

已经证明，除2、6阶外，其他阶拉丁方都存在正交拉丁方。由三十六军官问题引出的正交拉丁方是6阶的正交拉丁方。它在工农业生产和科学实验方面有广泛的应用。现已经证明，除了2阶和6阶以外，其它各阶3，4，5，7，8，……各阶正交拉丁方都是作得出来的。

　　问题终有它提出的依据和存在的必要，这需要我们不断的为之思考和努力。

数学链接 SHU XUE LIAN JIE　数学链接 SHU XUE LIAN JIE　数学链接 SHU XU

欧拉的成就

　　欧拉的一生，是为数学发展而奋斗的一生，他那杰出的智慧，顽强的毅力，孜孜不倦的奋斗精神和高尚的科学道德，是永远值得我们学习的。欧拉在数学、物理、天文、建筑以至音乐、哲学方面都取得了辉煌的成就。在数学的各个领域，常常见到以欧拉命名的公式、定理和重要常数。课本上常见的如π（1736年），i（1777年），e（1748年），sin 和 cos（1748年），tg（1753年），△x（1755年），Σ（1755年），f（x）（1734年）等，都是他创立并推广的。歌德巴赫猜想也是在他与歌德巴赫的通信中提出来的。欧拉还首先完成了月球绕地球运动的精确理论，创立了分析力学、刚体力学等力学学科，深化了望远镜、显微镜的设计计算理论。

数学猜想·

柯克曼女生问题探秘

数学史上的趣味难题

19世纪50年代,英国数学家柯克曼提出了一个有趣的"女学生"问题。即在某地方的一所住宿学校中,有九个女学生同住在一间宿舍里,每天她们都要去校外散步一次。为了加强她们之间的相互了解和增进友谊,负责宿舍的管理人员想,她们散步时把她们分成三组,每组有三位同学,是否可以使每个女生在四天之内都能与其他的八名女生有且仅有一次在一组的机会。这个乍看起来很简单的问题,却使管理人员苦苦思索了很久。1851年他终于找到了一组分组的答案符合他的要求于是在名为《女士与先生的日记》的杂志上发表了相关文章。问题解决了,女生们也可以按照他的方案去校外散步了。后来人们把这种方案称为"柯克曼三元系"也称"柯克曼女生"问题。

其实在柯克曼女生问题提出后得到多种解答,其中较有代表性的答案是皮尔斯于1860年左右提出,并被数学家西尔威特认为是最好的解法。皮尔斯先假定一位女生固定在某一组,再将其他十四位女生编上号码(1至14号),并按照

星期日:$\{i, a, b\}$, $\{8+i, 9+i, 12+i\}$, $\{3+i, 7+i, 10+i\}$, $\{2+i, 6+i, 11+i\}$, $\{1+i, 4+i, 5+i\}$;

星期一:$\{2+i, 8+i, b\}$, $\{1+i, 6+i, a\}$, $\{4+i, 7+i, 11+i\}$, $\{3+i, 5+i, 9+i\}$, $\{i, 10+i, 12+i\}$;

星期二:$\{11+i, 12+i, b\}$, $\{4+i, 10+i, a\}$, $\{6+i, 7+i, 9+i\}$, $\{1+i, 2+i, 3+i\}$, $\{i, 5+i, 8+i\}$;

星期三:$\{5+i, 7+i, b\}$, $\{3+i, 12+i, a\}$, $\{2+i, 9+i, 10+i\}$, $\{1+i, 8+i, 11+i\}$, $\{i, 4+i, 6+i\}$;

星期四:$\{4+i, 9+i, b\}$, $\{2+i, 5+i, a\}$, $\{6+i, 8+i, 10+i\}$, $\{1+i, 7+i, 12+i\}$, $\{i, 3+i, 11+i\}$;

星期五:$\{1+i, 10+i, b\}$, $\{9+i, 11+i, a\}$, $\{5+i, 6+i, 12+i\}$, $\{3+i, 4+i, 8+i\}$, $\{i, 2+i, 7+i\}$;

星期六:$\{3+i, 6+i, b\}$, $\{7+i, 8+i, a\}$, $\{5+i, 10+i, 11+i\}$, $\{2+i, 4+i, 12+i\}$, $\{i, 1+i, 9+i\}$.

柯克曼女生问题

一定规律安排星期天的分组散步，则其他六天星期r散步（r=1，2，3，4，5，6）分组可按原编号与r的数字之和安排（和数超过14则减去14）。

另外，有些数学家更将问题扩展成组合论中的难题：设有N个元素，每三个一组组成若干组。这些组分别组成一个系列，现称为"柯克曼序列"。若每一元素与其他元素恰有一次同组的机会，问将N分成这种序列要满足的充分必要条件是什么？怎样组成此序列？一般解答直到20世纪60年代后才有突破。中国数学家陆家羲对此曾作出过重要的贡献。陆家羲，中国现代数学家。1957年夏的一天，陆家羲购得一本孙泽瀛著的《数学方法趣引》。最吸引他的就是书中的"柯克曼女生"问题。22岁的陆家羲，一连好多天如醉如痴，他心中萌生出一个顽强的念头，一定要攻克这个问题。1961年他将凝聚着自己五年心血的处女作《寇克满系列与斯坦纳系列的构造方法》一文当作精神上的第一个孩子寄往中国科学院数学研究所，以期请教、肯定与发表。1965年他又重新改写了论文，取名《平衡不完全区组与可分解平衡不完全区组的构造方法》投寄给《数学学报》。但是这篇论文于1966年被退回，1981年《组合论杂志》陆续收到陆家羲题为《论不相交斯坦纳三元系大集》[18，19]的系列文章。西方的组合论专家们惊讶了，加拿大著名数学家、多伦多大学教授门德尔逊说："这是二十多年来组合设计中的重大成就之一。"1983年9月30日，我国的组合数学专家们组成的"陆家羲学术工作评审委员会"在1984年9月15日所做的评价是："……陆家羲同志独创地引进了AD、AD*、AD**、LD和LD*等辅助设计及有关大集LAD1、LAD2和LAD3，创造性地利用了前人的结果，巧妙地设计了一系列的递归构造，严谨地证明了互不相交的v阶斯坦纳三元系的大集，除了六个值外，对所有v≡1或3 (mod 6)，v>7都存在，从而宣告了这一问题的整体

$a_{11}: \{a_{11}, a_{12}, a_{13}\}, \{a_{11}, a_{21}, a_{31}\}, \{a_{11}, a_{22}, a_{33}\}, \{a_{11}, a_{23}, a_{32}\}$

$a_{12}: \{a_{11}, a_{12}, a_{13}\}, \{a_{12}, a_{22}, a_{32}\}, \{a_{12}, a_{21}, a_{33}\}, \{a_{12}, a_{23}, a_{31}\}$

$a_{21}: \{a_{21}, a_{22}, a_{23}\}, \{a_{11}, a_{21}, a_{31}\}, \{a_{13}, a_{21}, a_{32}\}, \{a_{12}, a_{21}, a_{33}\}$

$a_{22}: \{a_{21}, a_{22}, a_{23}\}, \{a_{12}, a_{22}, a_{32}\}, \{a_{11}, a_{22}, a_{33}\}, \{a_{13}, a_{22}, a_{31}\}$

$a_{23}: \{a_{21}, a_{22}, a_{23}\}, \{a_{13}, a_{23}, a_{33}\}, \{a_{12}, a_{23}, a_{31}\}, \{a_{11}, a_{23}, a_{32}\}$

$a_{31}: \{a_{31}, a_{32}, a_{33}\}, \{a_{11}, a_{21}, a_{31}\}, \{a_{12}, a_{23}, a_{31}\}, \{a_{13}, a_{22}, a_{31}\}$

$a_{32}: \{a_{31}, a_{32}, a_{33}\}, \{a_{12}, a_{22}, a_{32}\}, \{a_{13}, a_{21}, a_{32}\}, \{a_{11}, a_{23}, a_{32}\}$

$a_{33}: \{a_{31}, a_{32}, a_{33}\}, \{a_{13}, a_{23}, a_{33}\}, \{a_{11}, a_{22}, a_{33}\}, \{a_{12}, a_{21}, a_{33}\}$

柯克曼女生问题：数列

解决（关于例外值，他已有腹稿，但在写作过程中便不幸逝世了，仅留下一份提纲和部分结果）。历史是公正的，不会把珍珠永远埋在土里，在陆家羲逝世四年之后的1987年，我国的组合数学专家们评审后认定：该文宣告了"柯克曼问题"的首次解决。当然，由于历史的原因，这一成就在数学界公认为是属于查德哈里和威尔逊的，因为他们于1971年最先公布了这一结果，这也是无可非议的。

但凡问题大都和生活息息相关，也许你也可以从俗事中提出一个令人叹为观止的问题呢！

数学链接

皮尔斯

皮尔斯，美国科学家、逻辑学家与哲学家。出生于美国麻萨诸塞州剑桥，父亲班吉明·皮尔斯是数学家、天文学家。他就读哈佛大学，学成后在美国海岸防卫队担任科学家达30年之久。皮尔斯在科学界以几率论、重力研究、科学方法学逻辑上的贡献而闻名，最后放弃物理学而专研逻辑，更广义来说是研究符号学，致力于在逻辑完全概念建立永久的外展与归纳法。科学界公认他创立了实用主义。

首位数谜解

天文活动中发现的数学猜想

首位数问题最先由西蒙·纽科姆提出。

天文学家在进行天文计算时，经常要使用对数表。20世纪初，有一次天文学家纽科姆在查对数表时，偶然发现了这样的现象：对数表开始的几页总要比后面几页磨损得厉害。这说明人们在查对数表时，较多地是使用了以1为首的那几页。于是，纽科姆便产生这样一个疑问：首位数是1的自然数在全体自然数中占有多大的比例？它是不是要比首位数是其他数字的自然数要多？人们后来就把这个问题称为"首位数问题"。

大家可能会认为这个问题是显而易见的。因为除0以外，共有九个数字：1，2，3，4，5，6，7，8，9，用其中任何一个数字开头的自然数，在全体自然数中的分布是均匀的，机会应该是均等的。这就是说，首位数为1的自然数应该占全体自然数的1/9。可是，事实并不这么简单。20世纪70年代，美国斯坦福大学统计学家珀西·迪亚科尼斯（当时还在哈佛大学做研究生），研究了这个问题，所得到的结论出乎人们的意料：首位数是1的自然数约占全体自然数的1/3。准确一点说，这个数值应该是lg2约为0.30103。这是怎么一回事呢？

事实上，用不同数字做首位数字，

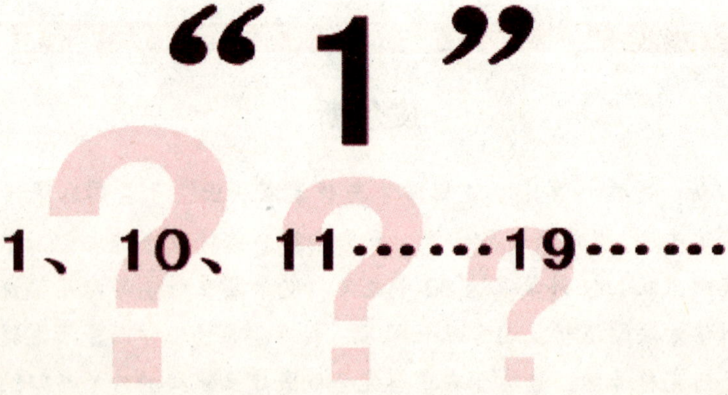

"1"

1、10、11……19……

数学猜想·

这样的自然数的分布并不是很均匀的，也不是很规则的。首位数是1的自然数的分布规律是：

1到9之间，这样的数只有1个，它就是1，所以占1/9；

1到20之间，这样的数有11个，它们是1，10，11，…，19，所以约占1/2；

1到30之间，这样的数同样有11个，约占1/3；

11到100之间，这样的数只有1个，约占1/9；

飞机模拟器

1到200之间，这样的数有111个，它们是1，10，11，…，19，100，101，…，199，约占1/2。

注意到首位数是1的自然数在以上各区间的个数与这个区间内所有自然数个数的比值，总是在1/2与1/9之间来回振荡。于是，迪亚科尼斯经过研究，终于运用高等数学的方法，得出这些比值的合理平均值，它就是上面所讲到的lg2。

迪亚科尼斯当时并不知道这样偶然的发现有什么实际意义。后来，美国西雅图波音航天局数学家梅尔达德·沙沙哈尼在研究用计算机描绘自然景象的问题时，用上了这个结论。美国波音航天局将这一成果用于飞机模拟器，使飞行员在不离开地面的情况下接受训练，而能得到一种在空中飞行的实感。

首位数问题的结论在科学技术中发挥了重大的作用。

数学链接 SHU XUE LIAN JIE　　**数学链接** SHU XUE LIAN JIE　　**数学链接** SHU XU

美国开放航天飞机模拟器

美国肯尼迪航天中心2007年5月25日首次开放航天飞机发射模拟器。这一设备使人们在地面就能亲身体验随航天飞机升空的刺激，此举赢得了新老宇航员的赞扬。航天中心25日邀请约40名宇航员来到佛罗里达州卡纳维拉尔角体验模拟器，并让他们与自己的真实经历作比较。如同执行真实发射任务一样，他们首先来到一个圆形房间听取任务介绍，介绍人是著名宇航员查理·博尔登。接着房间开始震颤，蒸汽从地板上冒出，通往发射室的门打开。参观者坐在发射椅上，系上安全带，向上倾斜90°，与实际发射时宇航员的姿态完全一致。参观者耳机里传来的指令也和真实发射时的情形一模一样。航天飞机发射时的震颤、发动机关机后机体前冲、火箭推进器脱落的声音等，这些都被模拟出来。曾执行首次航天飞机发射任务的指令长、著名宇航员约翰·扬说："感觉很真实。"但他还是感觉出了差别，比如有些声音不够大，而且听起来不太自然。他说，"在实际发射中，当固体火箭推进器脱落时会发出一声闷响，固体外壳分离时发出咔嗒声"。模拟器总共耗资6000万美元，距离航天飞机发射台只有几千米。模拟器在建造时征求了很多宇航员的意见。

回归数猜想

数字畅想曲

有许多数具有这样一种有趣性质：它的十进制表示的各位数字，按照原顺序进行某些数学运算，又可以重新得到该数，这就是回归数，例如：

$24=2^3+4^2$

$2427=2^1+4^2+2^3+7^4$

$81=(8+1)^2$

……

英国大数学家哈代曾经发现过一种有趣的现象：

$53=1^3+5^3+3^3$

$371=3^3+7^3+1^3$

$370=3^3+7^3+0^3$

$407=4^3+0^3+7^3$

他们都是三位数且等于各位数字的三次幂之和，这种巧合不能不令人感到惊讶。更为称奇的是，一位读者看过哈代的有趣发现后，竟然构造出其值等于各位数字四（五，六）次幂之和的四（五，六）位数：

$1634=1^4+6^4+3^4+4^4$

$54748=5^5+4^5+7^5+4^5+8^5$

回归数猜想

$548834=5^6+4^6+8^6+8^6+3^6+4^6$

像这种其值等于各位数字的 n 次幂之和的 n 位数，称为 n 位 n 次幂回归数。本文只讨论这种回归数，故简称为回归数。人们自然要问：对于什么样的自然数 n 有 回归数？这样的 n 是有限个还是无穷多个？对于已经给定的 n，如果有回归数，那么有多少个回归数？

1986年美国的一位数学教师安东尼·迪拉那巧妙地证明了使 n 位数成为回归数的 n 只有有限个。

设 A_n 是这样的回归数，即：

$A_n=a_1a_2a_3\cdots a_n=a_1^n+a_2^n+\cdots+a_n^n$ （其中 $0\le a_1$，a_2，$\cdots a_n\le 9$）

从而 $10^{n-1}\le A_n\le n9^n$ 即 n 必须满足 $n9^n>10_n-1$ 也就是 $(10/9)^n<10_n$。

随着自然数 n 的不断增大，$(10/9)^n$ 值的增加越来越快，很快就会使得 $(10/9)^n<10_n$ 式不成立，因此，满足 $(10/9)^n<10_n$ 的 n 不能无限增大，即 n 只能取有限多个。

进一步的计算表明：

$(10/9)^{60}=556.4798\cdots<10\times 60=600$

$(10/9)^{61}=618.3109\cdots>10\times 61=610$

对于 $n\ge 61$，便有 $(10/9)^n>10n$

由此可知，使(1)式成立的自然数 $n\le 60$。故这种回归数最多是60位数。

迪拉那和他的学生们在1975年借助于哥伦比亚大学的计算机得到下列回归数：

一位回归数：1，2，3，4，5，6，7，8，9

二位回归数：不存在

三位回归数：153，370，371，407

四位回归数：1634，8208，9474

五位回归数：54748，92727，93084

六位回归数：548834

七位回归数：1741725，4210818，9800817

八位回归数：24678050，24678051

但是此后对于哪一个自然数 n （≤60）还有回归数？对于已经给定的 n，能有多少个回归数？最大的回归数是多少？这些问题还需要我们的探索与研究。

下面是二十二位以内的回归数

3	153
	370
	371
	407
4	1634
	8208
	9474
5	54748
	92727

哈 代

数学猜想・成长必读

	93084		的一组。)
6	548834	12	无解
7	1741725	13	无解 0564240140138（只有广义解一组）
	4210818		
	9800817	14	28116440335967
	9926315	15	无解
8	24678050	16	4338281769391371
	24678051		4338281769391370
	88593477	17	35641594208964132
9	146511208		218971425876120 75
	472335975		35875699062250035
	534494836		233411150132317（广义解）
	912985153	18	无解
10	4679307774	19	44981287911646248 69
11	82693916578		49292738859280888 26
	44708635679		32895829844431870 32
	94204591914		15178415433075050 39
	32164049651	20	14543398311484532713
	42678290603		63105425988599693916
	40028394225	21	12846864304373139 1252
	32164049650		44917739914603869 7307
	49388550606	22	无解

（共有八解，是现在发现解最多

数学链接 SHU XUE LIAN JIE 数学链接 SHU XUE LIAN JIE 数学链接 SHU XU

线性回归

　　线性回归是利用数理统计中的回归分析，来确定两种或两种以上变数间相互依赖的定量关系的一种统计分析方法之一，运用十分广泛。分析按照自变量和因变量之间的关系类型，可分为线性回归分析和非线性回归分析。如果在回归分析中，只包括一个自变量和一个因变量，且二者的关系可用一条直线近似表示，这种回归分析称为一元线性回归分析。如果回归分析中包括两个或两个以上的自变量，且因变量和自变量之间是线性关系，则称为多元线性回归分析。

破解达·芬奇密码

探索达·芬奇作品中的神秘数学

列奥纳多·达·芬奇,意大利文艺复兴三杰之一,也是整个欧洲文艺复兴时期最完美的代表。他是一位思想深邃,学识渊博,多才多艺的画家、寓言家、雕塑家、发明家、哲学家、音乐家、医学家、生物学家、地理学家、建筑工程师和军事工程师。

达·芬奇是一位天才,他一面热心于艺术创作和理论研究,研究如何用线条与立体造型去表现形体的各种问题;另一方面他也同时研究自然科学,为了真实感人的艺术形象,他广泛地研究与绘画有关的光学、数学、地质学、生物学等多种学科。在绘画理论方面,著有《绘画论》,把解剖、透视、明暗和构图等零碎的知识,整理成为系统的理论,对后来欧洲绘画发展影响很大。他还是一个数学家,第一次在数学上使用加减符号的就是达·芬奇。他认为:和其他科学一样,绘画是一门科学,其基础是数学。他在评价数学时说:"在科学中,凡是和数学没有联系的地方,都是不可靠的。"

达·芬奇出生于佛罗伦萨附近的芬奇镇。1482年,达·芬奇第一次去米兰,投奔米兰大公摩罗,以建筑师、军事工程师、雕刻家和画家的身份为大公服务了17年。这期间,达·芬奇不仅创作了一些重要美术作品,在科学研究、水利工程、城防建筑和军事技术等方面也有出色的贡献。《岩间圣母》和为圣玛利亚·代拉格拉契修道院食堂所作的壁画《最后的晚餐》即是这时期的作品。达·芬奇还为米兰大公的父亲雕塑了一尊骑马像,因法军入侵,最终没翻制成铜像。1499年由于法军入侵米兰,摩罗逃亡,达·芬奇回到佛罗伦萨,在1503~1506年间,完成了举世名作《蒙娜丽莎》。1506年春,达·芬奇回到米兰,在以后的年代里,他绘制了《丽达与天鹅》、《施洗约翰》、《圣安娜与圣母》,从这些作品里可以看出达·芬奇在艺术创作道路上已度过了他的顶峰。达·芬奇的一生,是为科学、为艺术奋斗的一生。他多方面的才能,不仅为我们留下一批珍贵的艺术遗产,而且在科学史上也写下了光辉的篇章。他的成就和影响远远超出他所处的时代。文艺复兴产生了达·芬奇这样伟大的人物,不仅是意大利人民的骄傲,也是整个人类的骄傲,他的艺术将

最后的晚餐

数学猜想·

永远成为全世界人民的共同财富。文艺复兴时期的绘画与中世纪绘画的本质区别在于引入了第三维，也就是在绘画中处理了空间、距离、体积、质量和视觉印象。三维空间的画面只有通过光学透视体系的表达方法才能得到。这方面的成就是在14世纪初由杜乔和乔多取得的。在他们的作品中出现了几种方法，而这些方法成为一种数学体系发展过程中的一个重要阶段。毫无疑问，达·芬奇是15~16世纪的一位艺术大师和科学巨匠。文艺复兴时期的传记作家瓦萨里曾这样赞美他："上天有时候将美丽、优雅、才能赋予一人之身，他之所为无不超群绝寰，显示出他的天才来自卜苍而非人间之力，达·芬奇正是如此。他的优雅与唯美无与伦比，他才智之高超使一切难题无不迎刃而解"。达·芬奇通过广泛而深入地研究解剖学、透视学、几何学、物理学和化学，为从事绘画作好了充分的准备。他对待透视学的态度可以在他的艺术哲学中看出来。他用一句话概括了他的《艺术专论》的思想："欣赏我的作品的人，没有一个不是数学家。"达·芬奇坚持认为，绘画的目的是再现自然界，而绘画的价值就在于精确地再现。因此和其他科学一样，绘画是一门科学，其基础是数学。他指出，"任何人类的探究活动也不能成为科学，除非这种活动通过数学表达方式和经过数学证明为自己开辟道路。"达·芬奇创作了许多精美的透视学作品。这位真正富有科学思想和绝伦技术的天才，对每幅作品都进行过大量的精密研究。他最优秀的杰作都是透视学的最好典范。《最后的晚餐》绘出了真情实感，一眼

蒙娜丽莎

看去，与真实生活一样。观众似乎觉得达·芬奇就在画中的房子里。墙、楼板和天花板上后退的光线不仅清晰地衬托出了景深，而且经付细选择的光线集中在基督头上，从而使人们将注意力集中于基督。12个门徒分成3组，每组4人，对称地分布在基督的两边。基督本人被画成一个等边三角形，这样的描绘目的在于，表达基督的情感和思考，并且身体处于一种平衡状态。附图中给出了原画及它的数学结构图。

数学对绘画艺术作出了贡献，绘画艺术也给了数学以丰厚的回报。画家们在发展聚焦透视体系的过程中引入了新的几何思想，并促进了数学的一个全新方向的发展，这就是射影几何。在透视学的研究中产生的第一个思想是，人用手摸到的世界和用眼睛看到的世界并不是一回事。因而，相应地应该有两种几何，一种是触觉几何，一种是视觉几何。欧氏几何是触觉几何，它与我们的触觉一致，但与我们的视觉并不总一致。例如，欧几里得的平行线只有用手摸才存在，用眼睛看它并不存在。这样，欧氏几何就为视觉几何留下了广阔的研究领

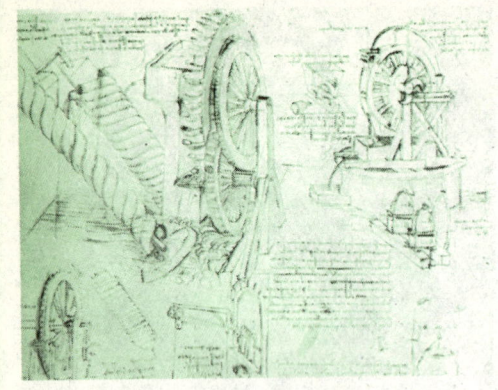

达·芬奇的机械设计

域。现在讨论在透视学的研究中提出的第二个重要思想。画家们搞出来的聚焦透视体系，其基本思想是投影和截面取景原理。人眼被看作一个点，由此出发来观察景物。从景物上的每一点出发通过人眼的光线形成一个投影锥。根据这一体系，画面本身必须含有投射锥的一个截景。从数学上看，这截景就是一张平面与投影锥相截的一部分截面。

17世纪的数学家们开始寻找这些问题的答案。他们把所得到的方法和结果都看成欧氏几何的一部分。诚然，这些方法和结果大大丰富了欧几里得几何的内容，但其本身却是几何学的一个新的分支，到了19世纪，人们把几何学的这一分支叫作射影几何学。射影几何集中表现了投影和截影的思想，论述了同一物体的相同射影或不同射影的截景所形成的几何图形的共同性质。这门"诞生于艺术的科学"，成了今天最美的数学分支之一。

数学链接 SHU XUE LIAN JIE 数学链接 SHU XUE LIAN JIE 数学链接 SHU XU

《蒙娜丽莎》

《蒙娜丽莎》是一幅享有盛誉的肖像画杰作。它代表达·芬奇的最高艺术成就，成功地塑造了资本主义上升时期一位城市有产阶级的妇女形象。画中人物坐姿优雅，笑容微妙，背景山水幽深茫茫，淋漓尽致地发挥了画家那奇特的烟雾状"空气透视"般的笔法。画家力图使人物的丰富的内心感情和美丽的外形达到巧妙的结合，对于人像面容中眼角唇边等表露感情的关键部位，也特别着重精确与含蓄的辩证关系，达到神韵之境，从而使蒙娜丽莎的微笑具有一种神秘莫测的千古奇韵，那如梦似的妩媚微笑，被不少美术史家称为"神秘的微笑"。在《蒙娜丽莎》这幅画上，达·芬奇成功地运用了数学的透视方法，在蒙娜丽莎的背后画了岩石和流水如梦幻般的景致。达·芬奇还成功地运用了黄金分割法，使整幅画看上去更符合人的审美视觉。我们还看到在画中蒙娜丽莎的右手轻轻地搭在左手上，姿势十分优雅，流露出她的平和沉稳的心境，这个手臂和手的姿势使身体形成一个稳定的三角形结构，引导观众的目光，随着她的姿势而转动，显示出画面的动态感。达·芬奇把数学思想融入绘画的方法深深地影响了那个时代。

数学猜想·成长必读

典型的数学美

| 改变世界面貌的十个数学公式 |

1971年5月15日，尼加拉瓜发行了十张一套题为"改变世界面貌的十个数学公式"的邮票，由一些著名数学家选出十个对世界发展极有影响的公式来表彰。这十个公式不但造福人类，而且具有典型的数学美，即：简明性、和谐性、奇异性。

手指计数基本法则

邮票"1+1=2"是这套邮票的第一枚，这是人类一开始对数量认识的基础公式。人类的祖先就是以这一公式开始，堆石子、数贝壳、树枝、竹片，而后刻痕计数，结绳计数等，直至再后来创造文字、数字及计数用具如算盘、筹算、计算器等。一切都是从手指计数基本法则开始，因为人有十个手指，计算时以手指辅助。毫无疑问，正是这一事实自然地孕育形成了现在我们熟悉的十进制系统。计数法与十进制的诞生是文明史上的一次飞跃。

勾股定理（毕达哥拉斯定理）

若一直角三角形的直角边为 a、b，斜边为 c，则有 $a^2+b^2=c^2$，这就是欧氏几何中最为著名的勾股定理。它在数学与人类的实践活动中起着极其广泛的应用。在国外最早给出这一定理证明的是古希腊著名哲学家和数学家毕达哥拉斯，因而国外一般称之为"毕达哥拉斯定理"。中国在商高时代就已经知道"勾三股四弦五"的关系，远早于毕达哥拉斯，不过，中国对于勾股定理的证明却是比较晚的事情，一直到三国时期的赵爽才用面积割补法给出它的第一种证明。勾股定理的一大影响是无理数的发现。边长为1的正方形对角线长度不能用整数或整数之比即分数来表示，这一发现否定了毕氏学派"万物皆数"的信条，当时的人觉得整数与分数是容易理解的，称之为有理数，而新发现的这个数不好理解但却存在就取名为"无理数"。

阿基米德杠杆原理

第三枚邮票表彰的数学公式是 $F_1 \cdot X_1 = F_2 \cdot X_2$，其中 F 为作用力，X 为力臂，FX 即为力矩，从原则上说，只要动力臂足够长，而阻力臂足够短，就可以用足够小的力撬动足够重的物体。为此，阿基米德说了一句古名言："给我一个支点，我就能撬动地球。"除杠杆原理外，阿基米德还发现了著名的浮力定律和大量的几何学定理，他也是微积分的先驱之一，被后世数学家尊称为"数学之神"，在人类有史以来最重要的三位数学家中，阿基米德占

手指计数基本法则

首位,另两位分别是牛顿和高斯。

纳皮尔指数与对数关系公式

对数关系公式即为纳皮尔公式,其中 $e=2.71828……$ 对数的发明者是苏格兰业余数学家纳皮尔男爵。自44岁起,经20年潜心研究大数的计算技术,他终于独立发明了对数,1614年出版了名著《奇妙的对数定律说明书》,对数表这一惊人发明很快传遍了欧洲大陆。伽利略发出了豪言壮语:"给我时间、空间和对数,我可以创造出一个宇宙来。"对数表曾在几个世纪内为数学家、会计师、航海家和科学家广泛应用。对数和指数已经成为数学的精髓部分,是每一个中学生必学的内容。

牛顿万有引力定律

第五枚邮票使人立即联想到那个早已成为家喻户晓的牛顿和苹果的故事。在那个神奇的假期里,一个苹果偶然从树上掉下来,却成为人类思想史的一个转折点,它使那个坐在花园里的人的头脑开了窍,终于牛顿发现了对人类具有划时代意义的万有引力定律:

$F=\dfrac{G \cdot M_1 M_2}{R_1 \cdot R_2}$,其中 G 为引力常量 M_1 和 M_2 分别表示两个物体的质量,R 为两个物体的距离。

麦克斯韦电磁方程组

第六个公式是麦克斯韦电磁方程组,该方程组确定了电荷、电流、电场和磁场之间的普遍联系,是电磁学的基本方程。麦克斯韦方程组表明,空间某处只要有变化的磁场就能激发出涡旋电场,而变化的电场又能激发涡旋磁场,交变的电场和磁场互相激发就形成连续不断的电磁振荡即电磁波。由此公式可以证明电磁波在真空中传播的速度等于光在真空中传播的速度,这不是偶然的巧合,而是由于光就是一定波长的电磁波,这便是麦克斯韦创立的光的电磁学说。麦克斯韦是继法拉第之后集电磁学大成的伟大物理学家。电磁学理论奠定了现代电力工业、电子工业和无线电工业的基础。

爱因斯坦质能关系式

$E=mc^2$,这里 c 为光速,m 为质量,E 为能量。这就是后来最著名的质能关系式。这也是制造原子弹的理论基础。1905年提出这个公式的人是年仅26岁的伯尔尼专利局小职员爱因斯坦。他在1915年建立了广义相对论,确定了空间、时间和物质之间的联系。质能转换公式及相对论的影响是巨大的,今天核能广泛用于农业及军事,而黑洞、时间旅行、空间弯曲等都是由相对论推导出来的。

布罗意公式

第八枚邮票表彰的公式是1924年德布罗意提出的表达波粒二象性的德布罗意公式:$\lambda=h/mv$,其中 λ 为与粒子相伴的物质波的波长,h 是普朗克常量,mv 为粒子的动量。在德布罗意之前,人们对自然界的认识只局限于两种基本的物质类型:实物和场。德布罗意本来是学历史的,受数学家庞加莱的影响而改学科学。1924年他在博士论文中提出"物质波"的概念,轰动了全世界,他认为任何实物、粒子都同时具有波与粒子两种性质,还运用爱因斯

齐奥尔科夫斯基公式

坦的相对论，导出物质波波长的公式。他的看法后来被戴维森的实验证实。而物质波的概念也为波动力学的发展提供了重要的理论基础。

玻尔兹曼公式

1854年德国科学家克劳修斯首先引入熵的概念，这是对表示封闭体系杂乱程度的一个量，熵是希腊语"变化"的意思。这个量在可逆过程中不会变化，在不可逆过程中会变大。正像懒人的房间，若没有人替他收拾打扫，房间只会杂乱下去，决不会变得整齐。生物也离不开"熵增大法则"，生物需要从体外吸收负熵来抵消熵的增大。1877年，玻尔兹曼用下面的关系式来表示系统的无序性的大小：$S=k \operatorname{Ln}W$ 其中 k 为玻尔兹曼常数，S 是宏观系统熵值，是分子运动或排列混乱程度的衡量尺度。W 是可能的微观态数。W 越大，系统就越混乱无序。由此可以看出熵的微观意义：熵是系统内分子热运动无序性的一种量度。由于观点新颖，一开始不为许多著名学者接受，玻尔兹曼为之付出了巨大的代价，成为他个人悲剧（自杀）的重要原因。玻尔兹曼的墓碑上刻的就是这个公式 $S=k \operatorname{Ln}W$，以表彰他的伟大创见。

齐奥尔科夫斯基公式

前苏联的齐奥尔科夫斯基，是举世公认的宇航理论先驱者，正是他提出了利用火箭进行星际航行和发射卫星的可能性，并建立了火箭结构特点与飞行速度之间的关系式，即著名的齐奥尔科夫斯基公式：$v=w\operatorname{Ln}M_0/M_k$。其中 v 为火箭的速度增量，w 为喷流相对于火箭的速度，m_0 和 m_k 分别代表发动机开启和关闭时火箭的质量。它成为人类征服太空的钥匙。齐奥尔科夫斯基着重钻研了中国古代火箭技术，请人翻译明末及清初的军事著作参考，尤其对《武备志》最感兴趣。当时中国已拥有近三十种军用火箭，"神机火龙箭"或"火龙出水"之类的武器令他着迷，他产生了更多的梦想和灵感，不久写成《地球与天空的梦想》一书。他有一句十分精辟的名言："地球是人类的摇篮，但是人不能永远生活在摇篮里。"

数学链接 SHU XUE LIAN JIE　**数学链接** SHU XUE LIAN JIE　**数学链接** SHU XU

中国古代火箭技术

在公元第一个千年末，处在当时世界巅峰的我国科学技术，继续向前迈进。宋太祖开宝三年(970)，有个叫冯继升的人向皇帝献火箭，并在朝廷上做了表演，皇帝很高兴，奖给他许多衣物和布匹。古代火箭具有现代火箭的基本结构，包括有效载荷（箭头）、箭体（箭杆）、发动机（火药筒）和控制系统（起稳定作用的羽尾）。在370多年前的《武备志》一书中，记载有数十种各种火箭，还提到抗倭名将戚继光的火箭营，24辆车各载530支箭，总共12720支火箭可以齐发，这比现在的火箭炮还要壮观。

几何的三大难题

古典难题的挑战

希腊,是著名的欧洲古国,几何学的故乡。这里的古人提出的三大几何难题,在科学史上留下了浓浓的一笔。这延续了两千多年才得到解决的世界性难题,也许是提出三大难题的古希腊人所不曾预料到的。

实际中存在着各种各样的几何形状,曲和直是最基本的图形特征。相应地,人类最早会画的基本几何图形就是直线和圆。画直线就得使用一个边缘平直的工具,画圆就得使用一端固定而另一端能旋转的工具,这就产生了直尺和圆规。古希腊人说的直尺,指的是没有刻度的直尺。他们在大量的画图经历中感觉到,似乎只用直尺、圆规这两种作图工具就能画出各种满足要求的几何图形,因而,古希腊人就规定,作图时只能有限次地使用直尺和圆规这两种工具来进行,并称之为尺规作图法。漫长的作图实践,按尺规作图的要求,人们作出了大量符合给定条件的图形,即便一些较为复杂的作图问题,独具匠心地经过有限步骤也能作出来。到了大约公元前6~4世纪之间,古希腊人遇到了令他们百思不得其解的三个作图问题:1.三等分角问题:将任一个给定的角三等分;2.立方倍积问题:求作一个正方体的棱长,使这个正方体的体积是已知正方体体积的二倍;3.化圆为方问题:求作一个正方形,使它的面积和已知圆的面积相等。这就是著名的古代几何作图三大难题,它们在《几何原本》问世之前就提出了,随着几何知识的传播,后来便广泛留传于世。从表面看来,这三个问题都很简单,它们的作图似乎该是可能的,因此,2000多年来从事几何三大难题的研究颇不乏人。也提出过各种各样的解决办法,例如阿基米德、帕普斯等人都发现过三等分角的好方法,解决立方倍积问题的勃

费尔马

数学猜想·成长必读

洛特方法等等。可是，所有这些方法，不是不符合尺规作图法，便是近似解答，都不能算作问题的解决。其间，数学家还把问题作种种转化，发现了许多与三大难题密切相关的一些问题，比如求等于圆周的线段、等分圆周、作圆内接正多边形等等。可是谁也想不出解决问题的办法。三大作图难题就这样绞尽了不少人的脑汁，无数人做了无数次的尝试，均无一人成功。后来有人悟及正面的结果既然无望，便转而从反面去怀疑这三个问题是不是根本就不能由尺规作出？数学家开始考虑哪些图形是尺规作图法能作出来的，哪些不能？标准是什么？界限在哪里？可这依然是十分困难的问题。

历史的车轮转到了17世纪。法国数学家笛卡尔创立解析几何，为判断尺规作图的可能性提供了从代数上进行研究的手段，解决三大难题有了新的转机。最先突破的是德国数学家高斯。他于1777年4月30日出生于不伦瑞克一个贫苦的家庭。他的祖父是农民，父亲是打短工的，母亲是泥瓦匠的女儿，都没受过学校教育。由于家境贫寒，冬天傍晚，为节约燃料和灯油，父亲总是吃过晚饭就要孩子睡觉。高斯爬上小阁楼偷偷点亮自制的芜菁小油灯，在微弱的灯光下读书。他幼年的聪慧博得一位公爵的喜爱，15岁时被公爵送进卡罗琳学院，1795年又来到哥庭根大学学习。由于高斯的勤奋，入学后第二年，他就按尺规作图法作出了正17边形。紧接着高斯又证明了一个尺规作图的重大定理：如果一个奇素数p是费尔马数，那么正p边形就可以用尺规作图法作出，否则

安东尼·奥古斯丁·库尔诺

不能作出。由此可以断定，正3边、5边、17边形都能作出，而正7边、11边、13边形等都不能作出。高斯一生不仅在数学方面做出了许多杰出的成绩，而且在物理学、天文学等方面也有重要贡献。他被人们赞誉为"数学王子"。高斯死后，按照他的遗愿，人们在他的墓碑上刻上一个正17边形，以纪念他少年时代杰出的数学发现。

解析几何诞生之后，人们知道直线和圆，分别是一次方程和二次方程的轨迹。而求直线与直线、直线与圆、圆与圆的交点问题，从代数上看来不过是解一次方程或二次方程组的问题，最后的解是可以从方程的系数（已知量）经过有限次的加、减、乘、除和开平方求得。因此，一个几何量能否用直尺圆规作出的问题，等价于它能否由已知量经过加、减、乘、除、开方运算求得。这样一来，在解析几何和高斯等人已有经验的基础

笛卡尔

上，人们对尺规作图可能性问题，有了更深入的认识，从而得出结论：尺规作图法所能作出的线段或者点，只能是经过有限次加、减、乘、除及开平方（指正数开平方，并且取正值）所能作出的线段或者点。

数学链接 SHU XUE LIAN JIE **数学链接** SHU XUE LIAN JIE **数学链接** SHU XU

解析几何

  解析几何系指借助坐标系，用代数方法研究集合对象之间的关系和性质的一门几何学分支，亦叫做坐标几何。解析几何包括平面解析几何和立体解析几何两部分。平面解析几何通过平面直角坐标系，建立点与实数对之间的一一对应关系，以及曲线与方程之间的一一对应关系，运用代数方法研究几何问题，或用几何方法研究代数问题。17世纪以来，由于航海、天文、力学、军事、生产的发展，以及初等几何和初等代数的迅速发展，促进了解析几何的建立，并被广泛应用于数学的各个分支。在解析几何创立以前，几何与代数是彼此独立的两个分支。解析几何的建立第一次真正实现了几何方法与代数方法的结合，使形与数统一起来，这是数学发展史上的一次重大突破。作为变量数学发展的第一个决定性步骤，解析几何的建立对于微积分的诞生有着不可估量的作用。

探究中国古代数学

| 中国数学的成就与衰落 |

数学在中国的历史已经很久远了。在殷墟出土的甲骨文中有一些是记录数字的文字，包括从一至十，以及百、千、万，最大的数字为三万；司马迁的《史记》提到大禹治水使用了规、矩、准、绳等作图和测量工具，而且知道"勾三股四弦五"；据说《易经》还包含组合数学与二进制思想。2002年在湖南发掘的秦代古墓中，考古人员发现了距今大约2200多年的九九乘法表，与现代小学生使用的乘法口诀"小九九"十分相似。

算筹是中国古代的计算工具，它在春秋时期已经很普遍；使用算筹进行计算称为筹算。中国古代数学的最大特点是建立在筹算基础之上，这与西方及阿拉伯数学是明显不同的。但是，真正意义上的中国古代数学体系形成于自西汉至南北朝的三四百年期间。《算数书》成书于西汉初年，是传世的中国最早的数学专著，它是1984年由考古学家在湖北江陵张家山出土的汉代竹简中发现的。《周髀算经》编纂于西汉末年，它虽然是一本关于"盖天说"的天文学著作，但是包括两项数学成就：（1）勾股定理的特例或普遍形式；（2）测太阳高或远的"陈子测日法"。《九章算术》在中国古代数学发展过程中占有非常重要的地位。它经过许多人整理而成，大约成书于东汉时期。全书共收集了246个数学问题并且提供其解法，主要内容包括分数四则和比例算法、各种面积和体积的计算、关于勾股测量的计算等。在代数方面，《九章算术》在世界数学史上最早提出负数概念及正负数加减法法则；现在中学讲授的线性方程组的解法和《九章算术》介绍的方法大体相同。注重实际应用是《九章算术》的一个显著特点。该书的一些知识还传播至印度和阿拉伯，甚至经过这些地区远至欧洲。《九章算术》标志以筹算为基础的中国古代数学体系的正式形成。

中国古代数学在三国及两晋时期侧重于理论研究，其中以赵爽与刘徽为主要代表人物。赵爽是三国时期吴人，在中国历史上他是最早对数学定理和公式进行证明的数学家之一，其学术成就体现于对《周髀算经》的阐释。在《勾股圆方图注》中，他还用几何方法证明了勾股定理，其实这已经体现"割补原理"的方法。用几何方法求解二次方程也是赵爽对中国古代数学的一大贡献。三国时期魏人刘徽则注释了《九章算术》，其著作《九章算术注》不仅对《九章算术》的方法、公式和定理进行一般的解释和推导，而且系统地阐述了中国传统数学的理论体系与数学原理，并且多有创造。

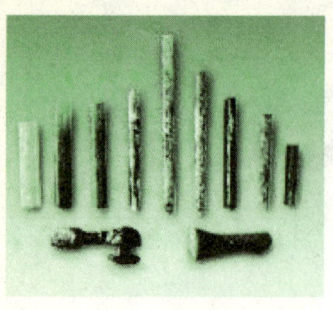
汉朝琉璃算筹

其发明的"割圆术"（圆内接正多边形面积无限逼近圆面积），为圆周率的计算奠定了基础，同时刘徽还算出圆周率的近似值："3927/1250（3.1416）"。他设计的"牟合方盖"的几何模型为后人寻求球体积公式打下重要基础。在研究多面体体积过程中，刘徽运用极限方法证明了"阳马术"。另外，《海岛算经》也是刘徽编撰的一部数学论著。

南北朝是中国古代数学的蓬勃发展时期，继有《孙子算经》、《夏侯阳算经》、《张丘建算经》等算学著作问世。祖冲之、祖□父子的工作在这一时期最具代表性。他们着重进行数学思维和数学推理，在前人刘徽《九章算术注》的基础上前进了一步。根据史料记载，其著作《缀术》取得如下成就：（1）圆周率精确到小数点后第六位，得到 3.1415926<π<3.1415927，并求得π的约率为 22/7，密率为 355/113，其中密率是分子分母在 1000 以内的最佳值；欧洲直到 16 世纪德国人鄂图和荷兰人安托尼兹才得出同样结果；（2）祖□在刘徽工作的基础上推导出球体体积公式，并提出二立体的高和截面积相等则二体体积相等定理；欧洲直到 17 世纪意大利数学家卡瓦列利才提出同一定理。祖氏父子同时在天文学上也有一定贡献。

隋唐时期的主要成就在于建立中国数学教育制度，这大概主要与国子监设立算学馆及科举制度有关。在当时的算学馆《算经十书》成为对学生讲授的专用教材。《算经十书》收集了《周髀算经》、《九章算术》、《海岛算经》等 10 部数学著作。所以当时的数学教育制度对继承古代数学经典是有积极意义的。公元 600 年，隋代刘焯在制订《皇极历》时，在世界上最早提出了等间距二次内插公式；唐代僧一行在其《大衍历》中将其发展为不等间距二次内插公式。

公元 11~14 世纪的宋、元时期，是以筹算为主要内容的中国古代数学的鼎盛时期，其表现是这一时期涌现出许多杰出的数学家和数学著作。中国古代数学以宋、元数学为最高境界。在世界范围内宋、元数学也几乎是与阿拉伯数学一道居于领先的。贾宪在《黄帝九章算法细草》中就已提出开任意高次幂的"增乘开方法"，同样的方法至 1819 年才由英国人霍纳发现；贾宪的二项式定理系数表与 17 世纪欧洲出现的"巴斯加三角"是类似的。遗憾的是贾宪的《黄帝九章算法细草》书稿已散佚。秦九韶是南宋时期杰出的数学家。1247 年，他在《数书九章》中将"增乘开方法"加以推广，论述了高次方程的数值解法，并且列举 20 多个取材于实践的高次方程的解法。16 世纪意大利人菲尔洛才提出三次方程的解法。另外，秦九韶还对一次同余式理论进行过研究。李冶于 1248 年发表《测圆海镜》，该书是首部系统论述"天元术"的著作，在数学史上具有里程碑意义。尤其难得的是，在此书的序言中，李冶公开批判轻视科学实践活动、将数学贬为"贱技""玩物"等长期存在的世风谬论。公元1261年，南宋杨辉在《详解九章算法》中用"垛积术"求出几类高阶等差级数之和。公元1274年他在《乘除通变本末》中还叙述了"九归捷法"，介绍了筹算乘除的各种运算法。公元1280年，元代王恂、郭守敬等制订《授时历》时，列出了三次差的内插公式。郭守敬还运用几何方法求出相当于现在球面三角的两个公式。公元1303年，元代朱世杰著《四元玉鉴》，他把"天元术"推广为"四元术"，并提出消元的解法，欧洲到公元1775年法国人别朱才提出同样的解法。朱世杰还对各有限项级数求和问题进行了研究，在此基础上得出了高次差的内插公式，欧洲到公元1670年英国人格里高利和公元1676~1678年间牛顿才提出内插法的一般公式。14世纪中、后叶明王朝建立以后，统治者奉行以八股文为特征的科举制度，在国家科举考试中大幅度消减数学内容，于是自此中国古代数学便开始呈现全面衰退之势。明代，珠算开始普及于中国。1592年程大位编撰的《直指算法统宗》是一部集珠算理论之大成的著作。但是有人认为，珠算的普及是抑制建立在筹算基础之上的中国古代数学进一步发展的主要原因之一。

由于演算天文历法的需要，自16世纪末开始，来华的西方传教士便将西方一些数学知识传入中国。数学家徐光启向意大利传教士利玛窦学习西方数学知识，而且他们还合译了《几何原本》的前6卷。徐光启应用西方的逻辑推理方法论证了中国的勾股测望术，因此而撰写了《测量异同》和《勾股义》两篇著作。邓玉函编译的《大测》、《割圆八线表》和罗雅谷的《测量全义》是介绍西方三角学的著作。此外在数学方面鲜有较大成就取得，中国古代数学自此便衰落了。

《算经十书》

《算经十书》是指汉、唐1000多年间的十部著名数学著作，它们曾经是隋唐时候国子监算学科（国家所设学校的数学科）的教科书。十部算书的名称是：《周髀算经》、《九章算术》、《海岛算经》、《五曹算经》、《孙子算经》、《夏侯阳算经》、《张丘建算经》、《五经算术》、《缉古算经》、《缀术》。这十部算书，以《周髀算经》为最早，不知道它的作者是谁，据考证，它成书的年代当不晚于西汉后期。《周髀算经》不仅是数学著作，更确切地说，它是讲述当时的一派天文学学说——"盖天说"的天文著作。就其中的数学内容来说，书中记载了用勾股定理来进行的天文计算，还有比较复杂的分数计算。当然不能说这两项算法都是到公元前一世纪才为人们所掌握，它仅仅说明在现在已经知道的资料中，《周髀算经》是比较早的记载。

数论探秘

寻找数学中的皇冠

数论这门学科最初是从研究整数开始的,所以叫做整数论。后来整数论又进一步发展,就叫做数论了。确切地说,数论就是一门研究整数性质的学科。

数论是研究整数性质的一个数学分支,它历史悠久,而且有着强大的生命力。数论问题叙述简明,"很多数论问题可以从经验中归纳出来,并且仅用三言两语就能向一个行外人解释清楚,但要证明它却远非易事"。因而有人说:"用以发现天才,在初等数学中再也没有比数论更好的课程了。任何学生,如能把当今任何一本数论教材中的习题做出,就应当受到鼓励,并劝他将来从事数学方面的工作。"所以在国内外各级各类的数学竞赛中,数论问题总是占有相当大的比重。

自古以来,数学家对于整数性质的研究一直十分重视,但是直到19世纪,这些研究成果还只是孤立地记载在各个时期的算术著作中,也就是说还没有形成完整统一的学科。自我国古代,许多著名的数学著作中都有关于数论内容的论述,比如:求最大公因数、勾股数组、某些不定方程整数解的问题等等。在国外,古希腊时代的数学家对于数论中一个最基本的问题——整除性问题就有系统的研究,关于质数、合数、约数、倍数等一系列概念也已经被提出来应用了。后来的各个时代的数学家也都对整数性质的研究做出过重大的贡献,使数论的基本理论逐步得到完善。在整数性质的研究中,人们发现质数是构成正整数的基本"材料",要深入研究整数的性质就必须研究质数的性质。因此关于质数性质的有关问题,一直受到数学家的关注。到了18世纪末,历代数学家积累的关于整数性质零散的知识已经十分丰富了,把它们整理加工成为一门系统的学科的条件已经完全成熟了。德国数学家高斯集中前人的大成,写了一本书叫做《算术探讨》,1800年寄给了法国科学院,但是法国科学院拒绝了高斯的这部杰作,高斯只好在1801年自己发表了这部著作。这部书开始了现代数论的新纪元。在《算术探讨》中,高斯把过去研究整数性质所用的符号标准化了,把当时现存的定理系统化并进行了推广,把要研究的问题和研制的方法进行了分类,还引进了新的方法。提起数论就不得不提一个人,他就是英国著名数论学家哈代。他是数论领域里的精英。在牛顿之后,因为英国和欧洲一直在争执微积分的创始人到底是谁,所以英国的数学一直委靡不振。但到了哈代才有了很大的发展。

数论形成了一门独立的学科后,随

数学猜想·成长必读

着数学其他分支的发展，研究数论的方法也在不断发展。如果按照研究方法来说，可以分成初等数论、解析数论、代数数论和几何数论四个部分。初等数论是数论中不求助于其他数学学科的帮助，只依靠初等的方法来研究整数性质的分支。比如中国古代有名的"中国剩余定理"，就是初等数论中很重要的内容。解析数论是使用数学分析作为工具来解决数论问题的分支。数学分析是以函数作为研究对象的、在极限概念的基础上建立起来的数学学科。用数学分析来解决数论问题是由欧拉奠基的，俄国数学家切比雪夫等也对它的发展做出过贡献。解析数论是解决数论中艰深问题的强有力的工具。比如，对于"质数有无限多个"这个命题，欧拉给出了解析方法的证明，其中利用了数学分析中有关无穷级数的若干知识。20世纪30年代，苏联数学家维诺格拉多夫创造性地提出了"三角和方法"，这个方法对于解决某些数论难题有着重要的作用。我国数学家陈景润在解决"哥德巴赫猜想"问题中使用的是解析数论中的筛法。代数数论是把整数的概念推广到代数整数的一个分支。数学家把整数概念推广到一般代数数域上去，相应地也建立了素整数、可除性等概念。几何数论是由德国数学家、物理学家闵可夫斯基等人开创和奠基的。几何数论研究的基本对象是"空间格网"。什么是空间格网呢？在给定的直角坐标系上，坐标全是整数的点，叫做整点；全部整点构成的组就叫做空间格网。空间格网对几何学和结晶学有着

华罗庚

重大的意义。由于几何数论涉及的问题比较复杂，必须具有相当的数学基础才能深入研究。

数论是一门高度抽象的数学学科，长期以来，它的发展处于纯理论的研究状态，它对数学理论的发展起到了积极的作用。但对于大多数人来讲并不清楚它的实际意义。由于近代计算机科学和应用数学的发展，数论得到了广泛的应用。比如在计算方法、代数编码、组合论等方面都广泛使用了初等数论范围内的许多研究成果；有文献报道，现在有些国家应用"孙子定理"来进行测距，用原根和指数来计算离散傅立叶变换等。此外，数论的许多比较深刻的研究成果也在近似分析、差集合、快速变换等方面得到了应用。特别是现在由于计算机的发展，用离散量的计算去逼近连续量而达到所要求的精度已成为可能。数论在数学中的地位是独特的，高斯曾经说过"数学是科学的皇后，数论是数学中的皇冠"。因此，数学家都喜欢把数论中

一些悬而未决的疑难问题，叫做"皇冠上的明珠"，以鼓励人们去"摘取"。下面简要列出几颗"明珠"：费马大定理、孪生素数问题、歌德巴赫猜想、圆内整点问题、完全数问题……

在我国近代，数论也是发展最早的数学分支之一。从20世纪30年代开始，在解析数论、丢翻图方程、一致分布等方面都有过重要的贡献，出现了华罗庚、闵嗣鹤、柯召等第一流的数论专家。其中华罗庚教授在三角和估值、堆砌素数论方面的研究是享有盛名的。1949年以后，数论的研究得到了更大的发展。尤其是在"筛法"和"歌德巴赫猜想"方面的研究，已取得世界领先的优秀成绩。特别是陈景润在1966年证明"歌德巴赫猜想"的"一个大偶数可以表示为一个素数和一个不超过两个素数的乘积之和"以后，在国际数学引起了强烈的反响，盛赞陈景润的论文是解析数学的名作，是"筛法"的光辉顶点。至今，这仍是"歌德巴赫猜想"的最好结果。

数学链接 SHU XUE LIAN JIE　**数学链接** SHU XUE LIAN JIE　**数学链接** SHU XU

解析数论

解析数论，借助微积分及复分析的技术来研究关于整数的问题，主要又可以分为积性数论与加性数论两类。积性数论借由研究积性生成函数的性质来探讨质数分布的问题，其中质数定理与狄利克雷定理为这个领域中最著名的古典成果。加性数论则是研究整数的加法分解之可能性与表示的问题，华林问题是该领域最著名的课题。此外例如筛法、圆法等都是属于这个范畴的重要议题。

数学猜想·

玻璃杯问题与蜂窝猜想

| 生活中的趣味数学猜想 |

4世纪古希腊数学家佩波斯提出，蜂窝的优美形状，是自然界最有效劳动的代表。他猜想，人们所见到的、截面呈六边形的蜂窝，是蜜蜂采用最少量的蜂蜡建造成的。他的这一猜想称为"蜂窝猜想"，但这一猜想一直没有人能证明。

蜂窝是一座十分精密的建筑工程。蜜蜂建巢时，青壮年工蜂负责分泌片状新鲜蜂蜡，每片只有针头大小而另一些工蜂则负责将这些蜂蜡仔细摆放到一定的位置，以形成竖直六面柱体。每一面蜂蜡隔墙厚度及误差都非常小。6面隔墙宽度完全相同，墙之间的角度正好120度，形成一个完美的几何图形。人们一直疑问，蜜蜂为什么不让其巢室呈三角形、正方形或其他形状呢？隔墙为什么呈平面，而不是呈曲面呢？虽然蜂窝是一个三维体建筑，但每一个蜂巢都是六面柱体，而蜂蜡墙的总面积仅与蜂巢的截面有关。由此引出一个数学问题，即寻找面积最大、周长最小的平面图形。

1943年，匈牙利数学家陶斯巧妙地证明，在所有首尾相连的正多边形中，正多边形的周长是最小的。但如果多边形的边是曲线时，会发生什么情况呢？陶斯认为，正六边形与其他任何形状的图形相比，它的周长都最小，但他不能证明这一点。而黑尔在考虑了周边是曲线时，无论是曲线向外突，还是向内凹，都证明了由许多正六边形组成的图形周长最小，他已将19页的证明过程放在因特网上，许多专家都已看到了这一证明，认为黑尔的证明是正确的。

大自然充满了像蜂窝这样蕴涵着科学知识的神奇现象，而平平常常的生活中也有不平常的数学问题。

巴尼在汽水柜台工作，他用10只玻璃杯给两名顾客出了个难题。巴尼说："这一排有10只玻璃杯，左边5只内有汽水，右边5只空着，请你使这排杯子

蜂窝猜想

变成满杯与空杯相互交错，条件是只允许移动4只杯子。"两位顾客看了看巴尼，又看了看杯子，摇了摇头，不知道怎么办。巴尼说："好吧，我来告诉你们，只要分别把第二只杯子和第七只杯子，第四只杯子和第九只杯子交换一下位置就成了。"

这时，奎贝尔教授正好走到柜台前，看到了他们的把戏，并且来了点小花招。奎贝尔教授说："何必移动四只杯子，我只要移动两只就够了，你看可不可以。"巴尼纳闷地瞧着奎贝尔教授，不明就里。奎贝尔教授说："其实很简单，只要拿起第二只杯子，把里面的汽水倒进第七只杯子，再拿起第四只杯子，把里面的汽水倒入第九只杯子就行了。

1 2 3 4 5 6 7 8 9 10　　　1 2 3
4 5 6 7 8 9 10
■ ■ ■ ■ □ □ □ □ □ □ ---> ■ □ ■ □
■ □ ■ □ ■ □ ■ □

虽然奎贝尔教授抓住话语间的模棱两可之处解决了这个问题，但这个问题并不像乍看上去那么简单。例如，还是这个问题，如果改成100只满杯挨着100只空杯排成一排，请考虑一下，若要使其变成满杯和空杯交错排列，需将多少对杯子互换位置，显然一般地，如果有$2n$只杯子，n只满杯，n只空杯，需要将$n/2$对杯子互换位置。方法是：$2k$号杯子与$2k+n$号杯子互换位置即可（$k=1, 2, 3, \cdots$），若$n=100$，则需互换50次。

有一个与上面分析的问题类似但困难得多的古典难题。这回用两种不同颜色的杯子作为道具，但是移动方法却大相径庭：每次只能一块儿移动一对相邻的

蜂窝猜想问题

杯子，使结果成交错排列，以$n=3$为例，解题过程如下图所示：

1 2 3 4 5 6
■ ■ ■ □ □ □
■ □ □ ■ ■ □ □
■ □ □ ■ ■ □
■ □ ■ □ ■ □

普遍的解是什么呢？当$n=1$时，没有意义；当$n=2$时，无解；当$n>2$时，解此问题至少需要移动n次；当$n=4$时，求解很不容易，你不妨试试，煞是有趣。或许你能够把当$n \geq 3$时的解题过程公式化。

根据这一难题还可以产生许多奇异的变相问题。这里试着举几例：

（1）仍然是同时移动两只相邻的杯子，但是如果颜色不同，则要在移动过程中交换位置，这样一对黑白的杯子就变成一对白黑排列了。解8只杯子需要移动5次；对于10只杯子，5次移动也够了。

（2）某种颜色的杯子少一个，即某种颜色的杯子有n只，另一种颜色的杯子有$n+1$只，其余规则不变，已经证明：对于任意n只杯子，其解须作n次移动，

而且这是最少的移动次数。

（3）使用三种不同颜色的杯子。按照通常的方法移动一对相邻的杯子，使得所有这三种颜色交相辉映。当 $n=3$（共有 9 个杯子），其解需要作 5 次移动。在这些变相问题中，假设在最终形成的排列中，不允许留有任何空距。如果允许留有空距，则问题的解法就令人惊奇地变为移动 4 次了。

由此看来，还有许多其他的变化形式，例如，假设一次可以同时移动 3 只或更多的杯子，如上述各变相问题中改用这种移动方式，结果又会如何呢？假如是第一次移动 1 只杯子，第二次移动 2 只杯子，第三次移动 3 只杯子，依次下去，那又会怎样？给定某种颜色的杯子 n 个，另一种颜色的杯子也为 n 个，这个问题的解是否总是作 n 次移动。这种种问题都有待于人们去解决，这是非常有趣并值得我们思考的趣题。

对于生活中这些富有谜一样魅力的例子，你是否睁大了双眼去仔细观察了呢？

生活中的趣味数学——同一天过生日的概率

假设你在参加一个由 50 人组成的婚礼，有人或许会问："我想知道这里两个人的生日一样的概率是多少？"正确答案是，大约有两名生日是同一天的客人参加这个婚礼。如果这群人的生日均匀地分布在日历的任何时候，两个人拥有相同生日的概率是 97%。换句话说就是，你必须参加 30 场这种规模的聚会，才能发现一场没有宾客出生日期相同的聚会。随着人数增加，两个人拥有相同生日的概率会更高。因此在 10 人一组的团队中，两个人拥有相同生日的概率大约是 12%。在 50 人的聚会中，这个概率大约是 97%。然而，只有人数升至 366 人（其中有一人可能在 2 月 29 日出生）时，你才能确定这个群体中一定有两个人的生日是同一天。

模糊数学

现代数学中的新理论

20世纪60年代,产生了模糊数学这门新兴学科。

现代数学是建立在集合论的基础上。集合论的重要意义就一个侧面看,在于它把数学的抽象能力延伸到人类认识过程的深处。一组对象确定一组属性,人们可以通过说明属性来说明概念(内涵),也可以通过指明对象来说明它。符合概念的那些对象的全体叫做这个概念的外延,外延其实就是集合。从这个意义上讲,集合可以表现概念,而集合论中的关系和运算又可以表现判断和推理,一切现实的理论系统都可能纳入集合描述的数学框架。但是,数学的发展也是阶段性的。经典集合论只能把自己的表现力限制在那些有明确外延的概念和事物上,它明确地限定:每个集合都必须由明确的元素构成,元素对集合的隶属关系必须是明确的,决不能模棱两可。对于那些外延不分明的概念和事物,经典集合论是暂时不去反映的,属于待发展的范畴。在较长时间里,精确数学及随机数学在描述自然界多种事物的运动规律中,获得显著效果。但是,在客观世界中还普遍存在着大量的模糊现象。以前人们回避它,但是,由于现代科技所面对的系统日益复杂,模糊性总是伴随着复杂性出现。各门学科,尤其是人文、社会学科及其他"软科学"的数学化、定量化趋向把模糊性的数学处理问题推向中心地位。更重要的是,随着电子计算机、控制论、系统科学的迅速发展,要使计算机能像人脑那样对复杂事物具有识别能力,就必须研究和处理模糊性。

我们研究人类系统的行为,或者处理可与人类系统行为相比拟的复杂系统,如航天系统、人脑系统、社会系统等,参数和变量甚多,各种因素相互交错,系统很复杂,它的模糊性也很明显。从认识方面说,模糊性是指概念外延的不确定性,从而造成判断的不确定性。在日常生活中,经常遇到许多模糊事物,没有分明的数量界限,要使用一些模糊的词句来形容、描述。比如,比较年轻、高个、大胖子、好、漂亮、善、热、远……在人们的工作经验中,往往也有许多模糊的东西。例如,要确定一炉钢水是否已经炼好,除了要知道钢水的温度、成分比例和冶炼时间等精确信息外,还需要参考钢水颜色、沸腾情况等模糊信息。因此,除了很早就有涉及误差的计算数学之外,还需要模糊数学。

人与计算机相比,一般来说,人脑具有处理模糊信息的能力,善于判断和处理模糊现象。但计算机对模糊现象的识别能力较差,为了提高计算机识别模糊现象的能力,就需要把人们常用的模糊语言设计成机器能接受的指令和程序,以便机器能像人脑那样灵活的做出相应的判断,从而提高自动识别和控制模糊现象的效率。这样,就需要寻找一种描述和加工模糊信息的数学工具,这就推动数学家深入研究模糊数学。所以,模糊数学的产生是有其科学技术与数学发展的必然性。

大型计算机

1965年,美国控制论专家、数学家查德发表了论文《模糊集合》,标志着模糊数学这门学科的诞生。模糊数学的研究内容主要有以下三个方面:

第一,研究模糊数学的理论,以及它和精确数学、随机数学的关系。查德以精确数学集合论为基础,并考虑到对数学的集合概念进行修改和推广。他提出用"模糊集合"作为表现模糊事物的数学模型。并在"模糊集合"上逐步建立运算、变换规律,开展有关的理论研究,就有可能构造出研究现实世界中的大量模糊的数学基础,能够对看来相当复杂的模糊系统进行定量的描述和处理的数学方法。在模糊集合中,给定范围内元素对它的隶属关系不一定只有"是"或"否"两种情况,而是用介于0和1之间的实数来表示隶属程度,还存在中间过渡状态。比如"老人"是个模糊概念,70岁的肯定属于老人,它的从属程度是1,40岁的人肯定不算老人,它的从属程度为0,按照查德给出的公式,55岁属于"老"的程度为0.5,即"半老",60岁属于"老"的程度为0.8。查德认为,指明各个元素的隶属集合,就等于指定了一个集合。当隶属于0和1之间值时,就是模糊集合。

第二,研究模糊语言学和模糊逻辑。人类自然语言具有模糊性,人们经常接受模糊语言与模糊信息,并能做出正确的识别和判断。为了实现用自然语言跟计算机进行直接对话,就必须把人类的语言和思维过程提炼成数学模型,才能给计算机输入指令,建立合适的模糊数学模型,这是运用数学方法的关键。查德采用模糊集合理论来建立模糊语言的数学模型,使人类语言数量化、形式化。如果我们把合乎语法的标准句子的从属函数值定为1,那么,其他文法稍有错误,但尚能表达相仿的思想的句子,就可以用以0到1之间的连续数来表征它从属于"正确句子"的隶属程度。这样,就把模糊语言进行定量描述,并定出一套运算、变换规则。目前,模糊语言还很不成熟,语言学家正在深入研究。人们的思维活动常常要求概念的确定性和精确性,采用形式逻辑的排中律,即非真既假,然后进行判断和推理,得出结论。现有的计算机都是建立在二值逻辑基础上的,它在处理客观事物的确定性方面,发挥了巨大的作用,但是却不具备处理事物和概念的不确定性或模糊性的能力。为了使计算机能够模拟人脑高级智能的特点,就必须把计算机转到多值逻辑基础上,研究模糊逻辑。目前,模糊逻辑还很不成熟,尚须继续研究。

第三,研究模糊数学的应用。模糊数学是以不确定性的事物为其研究对象的。模糊集合的出现是数学适应描述复杂事物的需要,查德的功绩在于用模糊集合的理论找到解决模糊性对象加以确切化,从而使研究确定性对象的数学与不确定性对象的数学沟通起来,过去精确数学、随机数学描述感到不足之处,就能得到弥补。在模糊数学中,目前已有模糊拓扑学、模糊群论、模糊图论、模糊概率、模糊语言学、模糊逻辑学等分支。

模糊数学是一门新兴学科,它已初步应用于模糊控制、模糊识别、模糊聚类分析、模糊决策、模糊评判、系统理论、信息检索、医学、生物学等各个方面。在气象、结构力学、控制、心理学等方面已有具体的研究成果。然而模糊数学最重要的应用领域是计算机职能,不少人认为它与新一代计算机的研制有密切的联系。世界上发达国家正积极研究、试制具有智能化的模糊计算机,1986年日本山川烈博士首次试制成功模糊推理机,它的推理速度是1000万次/秒。1988年,我国汪培庄教授指导的几位博士也研制成功一台模糊推理机——分立元件样机,它的推理速度为1500万次/秒。这表明我国在突破模糊信息处理难关方面迈出了重要的一步。

模糊数学还远没有成熟,对它也还存在着不同的意见和看法,有待实践去检验。

数学链接 SHU XUE LIAN JIE　**数学链接** SHU XUE LIAN JIE　**数学链接** SHU XU

关于模糊性的讨论

对模糊性的讨论,可以追溯得很早。20世纪的大哲学家罗素在1923年一篇题为《含糊性》的论文里专门论述过我们今天称之为"模糊性"的问题,并且明确指出:"认为模糊知识必定是靠不住的,这种看法是大错特错的。"尽管罗素声名显赫,但这篇发表在南半球哲学杂志的文章却并未引起当时学术界对模糊性或含糊性的很大兴趣。这并非是问题不重要,也不是因为文章写得不深刻,而是"时候未到"。罗素精辟的观点是超前的。长期以来,人们一直把模糊看成贬义词,只对精密与严格充满敬意。20世纪初期社会的发展,特别是科学技术的发展,还未对模糊性的研究有所要求。事实上,模糊性理论是电子计算机时代的产物。正是这种十分精密的机器的发明与广泛应用,使人们更深刻地理解了精密性的局限,促进了人们对其对立面或者说它的"另一半"——模糊性的研究。

希尔伯特问题

| 20世纪数学的制高点 |

在1900年巴黎国际数学家代表大会上，希尔伯特发表了题为《数学问题》的著名讲演。他根据过去特别是19世纪数学研究的成果和发展趋势，提出了23个最重要的数学问题。

这23个问题通称希尔伯特问题，已经成为许多数学家力图攻克的难关，对现代数学的研究和发展产生了深刻的影响，并起了积极的推动作用，被认为是20世纪数学的制高点。

希尔伯特的23个问题分属四大块：第1到第6问题是数学基础问题；第7到第12问题是数论问题；第13到第18问题属于代数和几何问题；第19到第23问题属于数学分析。

（1）康托的连续统基数问题。1874年，康托猜测在可数集基数和实数集基数之间没有别的基数，即著名的连续统假设。1938年，侨居美国的奥地利数理逻辑学家哥德尔证明连续统假设与ZF集合论公理系统的无矛盾性。1963年，美国数学家科恩证明连续统假设与ZF公理彼此独立。因而，连续统假设不能用ZF公理加以证明。在这个意义下，问题已获解决。

（2）算术公理系统的无矛盾性。欧氏几何的无矛盾性可以归结为算术公理的无矛盾性。希尔伯特曾提出用形式主义计划的证明论方法加以证明，哥德尔1931年发表文章对不完备性定理作出否定。根茨1936年使用超限归纳法证明了算术公理系统的无矛盾性。

（3）只根据合同公理证明等底等高的两个四面体有相等之体积是不可能的。问题的意思是：存在两个等高等底的四面体，它们不可能分解为有限个小四面体，使这两组四面体彼此全等，德恩1900年已解决。

（4）两点间以直线为距离最短线问题。此问题提的一般。满足此性质的几何很多，因而需要加以某些限制条件。1973年，苏联数学家波格列洛夫宣布，在对称距离情况下，问题获解决。

（5）拓扑学成为李群的条件（拓扑群）。这一个问题简称连续群的解析性，即：是否每一个局部欧氏群都一定是李群。1952年，由格里森、蒙哥马利、齐宾共同解决。1953年，日本的山迈英彦已得到完全肯定的结果。

（6）对数学起重要作用的物理学的公理化。1933年，苏联数学家柯尔莫哥洛夫将概率论公理化。后来，在量子力学、量子场论方面取得成功。但对物理学各个分支能否全盘公理化，很多人有怀疑。

（7）某些数的超越性的证明。需证：如果α是代数数，β是无理数的代数数，那么αβ一定是超越数或至少是无理数

147

（例如，$2\sqrt{2}$ 和 e^{π}）。苏联的盖尔封特1929年、德国的施奈德及西格尔1935年分别独立地证明了其正确性。但超越数理论还远未完成。目前，确定所给的数是否是超越数，尚无统一的方法。

（8）素数分布问题，尤其针对黎曼猜想、哥德巴赫猜想和孪生素数问题。素数是一个很古老的研究领域。希尔伯特在此提到黎曼猜想、哥德巴赫猜想以及孪生素数问题。黎曼猜想至今未解决，哥德巴赫猜想和孪生素数问题目前也未最终解决，其最佳结果均属中国数学家陈景润。

（9）一般互反律在任意数域中的证明。1921年由日本的高木贞治，1927年由德国的阿廷各自给予基本解决。而类域理论至今还在发展之中。

（10）能否通过有限步骤来判定不定方程是否存在有理整数解？求出一个整数系数方程的整数根，称为丢番图（约210~290，古希腊数学家）方程可解。1950年前后，美国数学家戴维斯、普特南、罗宾逊等取得关键性突破。1970年，巴克尔、费罗斯对含两个未知数的方程取得肯定结论。1970年，苏联数学家马蒂塞维奇最终证明：在一般情况下，答案是否定的。尽管得出了否定的结果，却产生了一系列很有价值的副产品，其中有不少和计算机科学有密切联系。

（11）一般代数数域内的二次型论。德国数学家哈塞和西格尔在20世纪20年代获重要结果。20世纪60年代，法国数学家魏依取得了新进展。

（12）类域的构成问题。即将阿贝尔域上的克罗内克定理推广到任意的代数有理域上去。此问题仅有一些零星结果，离彻底解决还很远。

（13）一般七次代数方程以二变量连续函数之组合求解的不可能性。七次方程 $x^7+ax^3+bx^2+cx+1=0$ 的根依赖于3个参数 a、b、c；$x=x(a,b,c)$。这一函数能否用两变量函数表示出来？此问题已接近解决。1957年，苏联数学家阿诺尔德（Arnold）证明了任一在 $[0,1]$ 上连续的实函数 $f(x_1,x_2,x_3)$ 可写成形式 $\sum h_i$ $(\xi_i(x_1,x_2),x_3)$ $(i=1,\cdots,9)$，这里 h_i 和 ξ_i 为连续实函数。柯尔莫哥洛夫证明 $f(x_1,x_2,x_3)$ 可写成形式：

$$\sum_{i=1}^{9} h_i(\xi_i(x_1,x_2),x_3)\quad(i=1,\cdots,7)$$

这里 h_i 和 ξ_i 为连续实函数，ξ_{ij} 的选取可与 f 完全无关。1964年，维土斯金（Vituskin）推广到连续可微情形，对解析函数情形则未解决。

（14）某些完备函数系的有限的证明。即域 K 上的以 $x_1,x_2,\cdots,x_n$ 为自变量的多项式 f_i $(i=1,\cdots,m)$，R 为 $K[X_1,\cdots,X_m]$ 上的有理函数 $F(X_1,\cdots,X_m)$ 构成的环，并且 $F(f_1,\cdots,f_m)\in K[x_1,\cdots,x_m]$，试问 R 是否可由有限个元素 $F_1,\cdots,F_N$ 的多项式生成？这个与代数不变量问题有关的问题，日本数学家永田雅宜于1959年用漂亮的反例给出了否定的解决。

（15）建立代数几何学的基础。荷兰数学家范德瓦尔登1938年至1940年证明，魏依1950年已解决。一个典型的问题是：在三维空间中有四条直线，问有几条直线能和这四条直线都相交？舒伯特给出了一个直观的解法。希尔伯特要求将问题一般化，并给予严格基础。现在已有了一些可计算的方法，它和代数几何学有密切的关系。但严格的基础至今仍未建立。

（16）代数曲线和曲面的拓扑研究。此问

题前半部涉及代数曲线含有闭的分支曲线的最大数目。后半部要求讨论备 $dx/dy=Y/X$ 的极限环的最多个数 $N(n)$ 和相对位置,其中 X、Y 是 x、y 的 n 次多项式。对 $n=2$(即二次系统)的情况,1934 年福罗献尔得到 $N(2) \geq 1$;1952 年鲍廷得到 $N(2) \geq 3$;1955 年苏联的波德洛夫斯基宣布 $N(2) \leq 3$,这个曾震动一时的结果,由于其中的若干引理被否定而成疑问。关于相对位置,中国数学家董金柱、叶彦谦于 1957 年证明了($E2$)不超过两串。1957 年,中国数学家秦元勋和蒲富金具体给出了 $n=2$ 的方程具有至少 3 个成串极限环的实例。1978 年,中国的史松龄在秦元勋、华罗庚的指导下,与王明淑分别举出至少有 4 个极限环的具体例子。1983 年,秦元勋进一步证明了二次系统最多有 4 个极限环,并且是(1,3)结构,从而最终地解决了二次微分方程的解的结构问题,并为研究希尔伯特第(16)问题提供了新的途径。

(17)半正定形式的平方和表示。实系数有理函数 $f(x_1, \cdots, x_n)$ 对任意数组 $(x_1, \cdots, x_n)$ 都恒大于或等于 0,确定 f 是否都能写成有理函数的平方和?1927 年阿廷已肯定地解决。

(18)用全等多面体构造空间。德国数学家比贝尔巴赫 1910 年,莱因哈特 1928 年作出部分解决。

(19)正则变分问题的解是否总是解析函数?德国数学家伯恩斯坦和苏联数学家彼德罗夫斯基已解决。

(20)研究一般边值问题。此问题进展迅速,已成为一个很大的数学分支,还在继续发展。

(21)具有给定奇点和单值群的 Fuchs 类的线性微分方程解的存在性证明。此问题属线性常微分方程的大范围理论。希尔伯特本人于 1905 年、勒尔于 1957 年分别得出重要结果。1970 年法国数学家德利涅作出了出色贡献。

(22)用自守函数将解析函数单值化。此问题涉及艰深的黎曼曲面理论,1907 年克伯对一个变量情形已解决而使问题的研究获重要突破。其他方面尚未解决。

(23)发展变分学方法的研究。这不是一个明确的数学问题。20 世纪变分法有了很大发展。

希尔伯特问题中有些现已得到圆满解决,有些至今仍未解决。他在讲演中所阐发的相信每个数学问题都可以解决的信念,对于数学工作者是一种巨大的鼓舞。

国际数学家大会

国际数学家大会,简称 ICM,是国际数学界四年一度的大集会。首次会议于 1897 年在瑞士苏黎世举行,当时只有 200 人左右参加。以后,除了第一、二次世界大战期间曾停顿外,一般是四年召开一次。国际数学家大会的议程安排由国际数学联合会指定的顾问委员会决定,邀请一批数学家分别在大会上作一小时的学术报告和学科组的分组会上作 45 分钟的学术报告。

信息时代的组合数学
在各种复杂关系中找出最优方案的科学方法

组合数学，又称为离散数学，但有时人们也把组合数学和图论加在一起算成是离散数学。组合数学是计算机出现以后迅速发展起来的一门数学分支。计算机科学就是算法的科学，而计算机所处理的对象是离散的数据，所以离散对象的处理就成了计算机科学的核心，而研究离散对象的科学恰恰就是组合数学。

组合数学的发展改变了传统数学中分析和代数占统治地位的局面。现代数学可以分为两大类：一类是研究连续对象的，如分析、方程等，另一类就是研究离散对象的组合数学。组合数学不仅在基础数学研究中具有极其重要的地位，在其他的学科中也有重要的应用，如计算机科学、编码和密码学、物理、化学、生物等学科中均有重要应用。

微积分和近代数学的发展为近代的工业革命奠定了基础。而组合数学的发展则是奠定了计算机革命的基础。计算机之所以可以被称为电脑，就是因为计算机被人编写了程序，而程序就是算法，在绝大多数情况下，计算机的算法是针对离散的对象，而不是在作数值计算。正是因为有了组合算法才使人感到，计算机好像是有思维的。

组合数学不仅在软件技术中有重要的应用价值，在企业管理，交通规划，战争指挥，金融分析等领域都有重要的应用。在美国有一家用组合数学命名的公司，他们用组合数学的方法来提高企业管理的效益，这家公司办得非常成功。此外，试验设计也是具有很大应用价值的学科，它的数学原理就是组合设计。用组合设计的方法解决工业界中的试验设计问题，在美国已有专门的公司开发这方面的软件。德国一位著名组合数学家利用组合数学方法研究药物结构，为制药公司节省了大量的费用，引起了制药业的关注。

在日常生活中我们常常遇到组合数学的问题。如果你仔细留心一张世界地图，你会发现用一种颜色对一个国家着色，那么一共只需要四种颜色就能保证每两个相邻的国家的颜色不同。这样的

信息时代

数学猜想·

航空信息

着色效果能使每一个国家都能清楚地显示出来。但要证明这个结论却是一个著名的世界难题，最终借助计算机才得以解决，最近人们才发现了一个更简单的证明。

我国古代的河洛图上记载了三阶幻方，即把从一到九这九个数按三行三列的队行排列，使得每行，每列，以及两条对角线上的三个数之和都是一十五。组合数学中有许多像幻方这样精巧的结构。1977年美国旅行者1号、2号宇宙飞船就带上了幻方以作为人类智慧的信号。

当你装一个箱子时，你会发现要使箱子尽可能装满不是一件很容易的事，你往往需要做些调整。从理论上讲，装箱问题是一个很难的组合数学问题，即使用计算机也是不容易解决的。

在中小学的数学游戏中，有这样一个问题，一个船夫要把一只狼、一只羊和一棵白菜运过河。问题是当人不在场时，狼要吃羊，羊要吃白菜，而他的船每趟只能运其中的一个。他怎样才能把三者都运过河呢？这就是一个很典型、很简单的组合数学问题。

我们还会遇到更复杂的调度和安排问题。例如，在生产原子弹的曼哈顿计划中，涉及很多工序，许多人员的安排，很多元件的生产，怎样安排各种人员的工作，以及各种工序间的衔接，从而使整个工期的时间尽可能短？这些都是组合数学的典型例子。

航空调度和航班的设定也是组合数学的问题。怎样确定各个航班以满足不同旅客转机的需要，同时也使得每个机场的航班起落分布合理。此外，在一些航班有延误等特殊情况下，怎样作最合理的调整，这些都是组合数学的问题。

对于城市的交通管理，交通规划，哪些地方可能是阻塞要地，哪些地方应该设单行道，立交桥建在哪里最合适，红绿灯怎样设定最合理，如此等等，全是组合数学的问题。

一个邮递员从邮局出发，要走完他所管辖的街道，他应该怎样选择路径，这就是著名的"中国邮递员问题"，由中国组合数学家管梅谷教授提出，著名组合数学家 J.Edmonds 和他的合作者给出了一个解答。

一个通信网络怎样布局最节省？美国的贝尔实验室和 IBM 公司都有世界一流的组合数学家在研究这个问题，这个问题直接关系到巨大的经济利益。

我们知道，用形状相同的方型砖块可以把一个地面铺满（不考虑边缘的情况），但是如果用不同形状，而又非方型的砖块来铺一个地面，能否铺满呢？这不仅是一个与实际相关的问题，也涉及很深的组合数学问题。

组合数学中有一个著名问题：是否存在稳定婚姻的问题。假如能找到两对夫妇，如张（男）——李（女）和赵

（男）——王（女），如果张（男）更喜欢王（女），而王（女）也更喜欢张（男），那么这样就可能有潜在的不稳定性。组合数学的方法可以找到一种婚姻的安排方法，使得没有上述的不稳定情况出现（当然这只是理论上的结论）。

这种组合数学的方法却有一个实际的用途：美国的医院在确定录取住院医生时，他们将考虑申请者的志愿的先后次序，同时也给申请排序。按这样的次序考虑出的总的方案将没有医院和申请者两者同时后悔的情况。实际上，高考学生的最后录取方案也可以用这种方法。

组合数学还可用于金融分析、投资方案的确定，怎样找出好的投资组合以降低投资风险。南开大学组合数学研究中心开发出了"金沙股市风险分析系统"现已投放市场，为短线投资者提供了有效的风险防范工具。

总之，组合数学无处不在，它的主要应用就是在各种复杂关系中找出最优的方案。所以组合数学完全可以看成是一门量化了的关系学，一门量化了的运筹学，一门量化了的管理学。组合数学不仅是传统的纯数学的一个分支，它还是一门应用学科，一门交叉学科。

如果21世纪是信息社会的世纪，那么21世纪也必将是组合数学大有可为的世纪。

数学链接 SHU XUE LIAN JIE　数学链接 SHU XUE LIAN JIE　数学链接 SHU XU

贝尔实验室

贝尔实验室是公认的当今通信界最具创造性的研发机构，在全球拥有10000多名科学家和工程师，为朗讯科技公司及朗讯客户提供高技术的服务与支持。贝尔实验室承担的任务是提供技术以创建世界上最先进的电信系统，它自成立以来共推出27000多项专利，现在平均每个工作日推出4项专利。在过去的一个世纪中，贝尔实验室为全世界带来的创新技术与产品囊括了：第一台传真机、按键电话、数字调制解调器、蜂窝电话、通信卫星、高速无线数据系统、太阳能电池、电荷耦合器件、数字信号处理器、单芯片、激光器和光纤、光放大器、密集波分复用系统、首次长途电视传输、高清晰度电视；从1939年展示的Ovodero电子语音合成装置到现在最先进的语音合成及识别等。它的存储程序控制和电子交换、数据库及分组技术为智能网的应用铺平了道路；它开发的Unix操作系统使各类计算机得以大规模联网，从而成就了今天实用的Internet；C和C++语言是使用最为广泛的编程语言之一；而由贝尔实验室推出的网络管理与操作系统每天支持着世界范围内数十亿的电话呼叫与数据连接。可以说，人类迈向文明的每一步都与贝尔实验室息息相关。

S 数学百科
SHU XUE BAI KE

勾股定理

勾股定理，被称为"几何学的基石"。因为它的应用广泛，世界上有好多国家都对它进行了深入的研究，因而它有许多名称。我国是发现和研究勾股定理最古老的国家。我国古代数学家称直角三角形为勾股形，较短的直角边称为勾，另一直角边称为股，斜边称为弦，所以勾股定理也称为勾股弦定理；在法国和比利时，勾股定理又叫"驴桥定理"；还有的国家称勾股定理为"平方定理"。1940年出版过一本名为《毕达哥拉斯命题》的勾股定理的证明专辑，其中收集了367种不同的证明方法。实际上还不止于此，有资料表明，关于勾股定理的证明方法已有500余种，仅我国清末数学家华蘅芳就提供了20多种精彩的证法，这是任何定理都无法比拟的。在这数百种证明方法中，有的十分精彩，有的十分简洁，有的因为证明者身份的特殊而非常著名。首先介绍勾股定理的两个最为精彩的证明，据说分别来源于中国和希腊。以上两个证明方法之所以精彩，是因为它们所用到的定理少，都只用到面积的两个基本观念：全等形的面积相等；一个图形分割成几部分，各部分面积之和等于原图形的面积。我国历代数学家关于勾股定理的论证方法有多种，为勾股定理作的图注也不少，其中较早的是赵爽在他附于《周髀算经》之中的论文《勾股圆方图注》中的证明，采用的是割补法。赵爽对勾股定理的证明，显示了我国数学家高超的证题思想，较为简明、直观。西方也有很多学者研究了勾股定理，给出了很多证明方法，其中有文字记载的最早证明是毕达哥拉斯给出的。据说当他证明了勾股定理以后，欣喜若狂，杀牛百头，以示庆贺，故西方亦称勾股定理为"百牛定理"。遗憾的是，毕达哥拉斯的证明方法早已失传，我们无从知道他的证法。

费尔马大定理

费尔马大定理，起源于300多年前，挑战人类3个世纪，多次震惊全世界，耗尽人类众多最杰出大脑的精力，也让千千万万业余者痴迷。终于在1995年被安德鲁·怀尔斯攻克。古希腊的丢番图写过一本著名的"算术"，经历中世纪的愚昧黑暗到文艺复兴的时候，"算术"的残本重新被发现研究。1637年，法国业余大数学家费尔马在"算术"的关于勾股数问题的页边上，写下猜想：$a+b=c$ 是不可能的。此猜想后来就称为费尔马大定理。猜想提出后，经欧拉等数代天才努力，200 年间只解决了 $n=3, 4, 5, 7$ 四种情形。1847 年，库木尔创立"代数数论"这一现代重要学科，对许多 n 证明了费尔马大定理，是一次大飞跃。最现代的电脑加数学技巧，验证了 400 万以内的 n，但这对最终证明无济于事。1983 年德国的法尔廷斯证明了：对任一固定的 n，最多只有有限多个 a, b, c 震动了世界，获得菲尔兹奖。

历史的新转机发生在 1986 年夏，童年就痴迷于此的怀尔斯终于在 1993 年 6 月 23 日剑桥大学牛顿研究所的"世纪演讲"的最后一次，宣布证明了费尔马大定理。这个证明体系是千万个深奥数学推理连接成千个最现代的定理、事实和计算所组成的千回百转的逻辑网络，任何一环节出现问题都会导致前功尽弃。怀尔斯的历史性长文"模椭圆曲线和费尔马大定理"1995 年 5 月发表。1997 年 6 月 27 日，怀尔斯获得沃尔夫斯克勒 10 万马克大奖。离截止期 10 年，圆了历史的梦。

线性代数

线性代数是数学的一个分支，它的研究对象是向量，向量空间（或称线性空间），线性变换和有限维的线性方程组。向量空间是现代数学的一个重要课题，因而，线性代数被广泛地应用于抽象代数和泛函分析中。通过解析几何，线性代数得以被具体表示，线性代数的理论已被泛化为算子理论。由于科学研究中的非线性模型通常可以被近似为线性模型，使得线性代数被广泛地应用于自然科学和社会科学中。由于费马和笛卡尔的工作，线性代数基本上出现于 17 世纪。直到 18 世纪末，线性代数的领域还只限于平面与空间。19 世纪上半叶才完成了到 n 维向量空间的过渡。矩阵论始于凯莱，在 19 世纪下半叶，因若当的工作而达到了它的顶点。1888 年，皮亚诺以公理的方式定义了有限维或无限维向量空间。托普利茨将线性代数的主要定理推广到任意体上的最一般的向量空间中。线性映射的概念在大多数情况下能够摆脱矩阵计算而引导到固有的推理，即是说不依赖于基的选择。不用交换体而用未必交换之体或环作为算子之定义域，这就引向模的概念，这一概念很显著地推广了向量空间的理论和重新整理了十九世纪所研究过的情况。由此可知，线性代数是讨论矩阵理论、与矩阵结合的有限维向量空间及其线性变换理论的一门学科。

"代数"一个词在我国出现较晚，在清代时才传入中国，当时被人们译成"阿尔热巴拉"，直到1859年，清代著名的数学家、翻译家李善兰才将它翻译成为"代数学"，一直沿用至今。

微分几何学

微分几何学以光滑曲线（曲面）作为研究对象，所以整个微分几何学是由曲线的弧线长、曲线上一点的切线等概念展开的。既然微分几何是研究一般曲线和一般曲面的有关性质，则平面曲线在一点的曲率和空间的曲线在一点的曲率等，就是微分几何中重要的讨论内容，而要计算曲线或曲面上每一点的曲率就要用到微分的方法。在曲面上有两条重要概念，就是曲面上的距离和角。比如，在曲面上由一点到另一点的路径是无数的，但这两点间最短的路径只有一条，叫做从一点到另一点的测地线。

在微分几何里，要讨论怎样判定曲面上一条曲线是这个曲面的一条测地线，还要讨论测地线的性质等。另外，讨论曲面在每一点的曲率也是微分几何的重要内容。在微分几何中，为了讨论任意曲线上每一点邻域的性质，常常用所谓"活动标形的方法"。在微分几何中，由于运用数学分析的理论，就可以在无限小的范围内略去高阶无穷小，一些复杂的依赖关系可以变成线性的，不均匀的过程也可以变成均匀的，这些都是微分几何特有的研究方法。微分几何在力学和一些工程技术问题方面有广泛的应用，比如，在弹性薄壳结构方面，在机械的齿轮啮合理论应用方面，都充分应用了微分几何学的理论。

大数定律

在随机事件的大量重复出现中，往往呈现几乎必然的规律，这个规律就是大数定律。通俗地说，这个定理就是，在试验不变的条件下，重复试验多次，随机事件的频率近似于它的概率。比如，我们向上抛一枚硬币，硬币落下后哪一面朝上本来是偶然的，但当我们上抛硬币的次数足够多后，达到上万次甚至几十万几百万次以后，我们就会发现，硬币每一面向上的次数约占总次数的二分之一。偶然中必然包含着必然。

1733年，拉普拉斯在分布的极限定理方面走出了根本性的一步，证明了二项分布的极限分布是正态分布。拉普拉斯改进了他的证明并把二项分布推广为更一般的分布。1900年，李雅普诺夫进一步推广了他们的结论，并创立了特征函数法。这类分布极限问题是当时概率论研究的中心问题，卜里耶为之命名"中心极限定理"。20世纪初，主要探讨使中心极限定理成立的最广泛的条件，二三十年代的林德贝尔格条件和费勒条件是独立随机变量序列情形下的显著进展。贝努利是第一个研究这一问题的数学家，他于1713年首先提出后人称之为"大数定律"的极限定理。例如称量某一物体的重量，假如衡器不存在系统偏差，由于衡器的精度等各种因素的影响，对同一物体重复称量多次，可能得到多个不同的重量数值，但它们的算术平均值一般来说将随称量次数的增加而逐渐接近于物体的真实重量。由于随机变量序列向常数的收敛有多种不同的形式，按其收敛概率为依收敛，以概率1收敛或均方收敛，分别有弱大数定律、强大数定律和均方大数定律。常用的大数定律有：伯努利大数定律、辛钦大数定律、柯尔莫哥洛夫强大数定律和重对数定律。

笛卡尔定理

笛卡尔坐标系是直角坐标系和斜角坐标系的统称，相交于原点的两条数轴，构成了平面f放射坐标系。如两条数轴上的度量单位相等，则称此放射坐标系为笛卡尔坐标系。两条数轴互相垂直的笛卡尔坐标系，称为笛卡尔直角坐标系，否则称为笛卡尔斜角坐标系。放射坐标系和笛卡尔坐标系平面向空间的推广相交于原点的三条不共面的数轴构成空间的放射坐标系。三条数轴上度量单位相等的放射坐标系被称为空间笛卡尔坐标系。三条数轴互相垂直的笛卡尔坐标系被称为空间笛卡尔直角坐标系，否则被称为空间笛卡尔斜角坐标系。笛卡尔坐标，它表示了点在空间中的位置，但却和直角坐标有区别，两种坐标可以相互转换。举个例子：某个点的笛卡尔坐标是493，454，967，那它的X轴坐标就是4+9+3=16，Y轴坐标是4+5+4=13，Z轴坐标是9+6+7=22，因此这个点的直角坐标是（16，13，22），坐标值不可能为负数，因为三个自然数相加无法成为负数。

直角坐标系的创建，在代数和几何上架起了一座桥梁，它使几何概念能用数来表示，几何图形也可以用代数形式来表示。由此笛卡尔在创立直角坐标系的基础上，创造了用代数的方法来研究几何图形的数学分支——解析几何，他大胆设想：如果把几何图形看成是动点的运动轨迹，就可以把几何图形看成是由具有某种共同特征的点组成的。举一个例子来说，我们可以把圆看作是动点到定点距离相等的点的轨迹，如果我们再把点看作是组成几何图形的基本元素，把数看作是组成方程的解，那么代数和几何就这样合为一家人了。

中心极限定理

中心极限定理是概率论中最重要的一类定理，有广泛的实际应用背景。在自然界与生产中，一些现象受到许多相互独立的随机因素的影响，如果每个因素所产生的影响都很微小时，总的影响可以看作是服从正态分布的，中心极限定理就是从数学上证明了这一现象。最早的中心极限定理是讨论重伯努利试验中，事件A出现的次数渐近趋于正态分布的问题。1716年前后，棣莫弗对重伯努利试验中每次试验事件A出现的概率为 $1/2$ 的情况进行了讨论，随后，拉普拉斯和李雅普诺夫等进行了推广和改进。自莱维在1919~1925年系统地建立了特征函数理论起，中心极限定理的研究得到了很快的发展，先后产生了普遍极限定理和局部极限定理等。极限定理是概率论的重要内容，也是数理统计学的基石之一，其理论成果也比较完美。长期以来，对于极限定理的研究所形成的概率论分析方法，影响着概率论的发展，同时新的极限理论问题也在实际中不断产生。

中心极限定理，是概率论中讨论随机变量和的分布以正态分布为极限的一组定理。这组定理是数理统计学和误差分析的理论基础，指出了大量随机变量近似服从正态分布的条件。

祖暅原理

祖暅原理也就是"等积原理"，它是由我国南北朝时期杰出的数学家、祖冲之的儿子祖暅首先提出来的。

祖暅原理的内容是：夹在两个平行平面间的两个几何体，被平行于这两个平行平面的任何平面

数学百科

所截，如果截得两个截面的面积总相等，那么这两个几何体的体积相等。等积原理的发现起源于《九章算术》中的答案是错误的，他提出的方法是取每边为1寸的正方体棋子八枚，拼成一个边长为2寸的正方体，在正方体内画内切圆柱体，再在横向画一个同样的内切圆柱体。这样两个圆柱所包含的立体共同部分像两把上下对称的伞，刘徽将其取名为"牟合方盖"。根据计算得出球体积是牟合方盖体的体积的 $\frac{\pi}{4}$，可是圆柱体又比牟合方盖大，但是《九章算术》中得出球的体积是圆柱体体积的 $\frac{3}{4}$，显然《九章算术》中的球体积计算公式是错误的。刘徽认为只要求出"牟合方盖"的体积，就可以求出球的体积。可怎么也找不出求导"牟合方盖"体积的途径。祖暅沿用了刘徽的思想，利用刘徽"牟合方盖"的理论去进行体积计算，得出"幂势相同，则体不容异"的结论。"势"即是高，"幂"是面积。

在西方，球体的体积计算方法虽然早已由希腊数学家阿基米德发现，但"祖暅原理"是在独立研究的基础上得出的，且比阿基米德的内容要丰富，涉及的问题要复杂。二者有异曲同工之妙。

根据这一原理就可以求出牟合方盖的体积，然后再导出球的体积。这一原理主要应用于计算一些复杂几何体的体积上面。在西方，直到17世纪，才由意大利数学家卡瓦列里发现，于1635年出版的《连续不可分几何》中，提出了等积原理，所以西方人把它称之为"卡瓦列里原理"。其实，他的发现要比我国的祖暅晚1100多年。

📗 有限单群分类定理

有限单群是指除了单位元群和它本身以外没有其他正规子群的有限群，有限单群类似于整数中的素数，可比喻为搭成有限群的"积木块"，是有限群结构的基石。找出所有的有限单群的问题称为有限单群分类问题。

有限单群分类定理是在20世纪40年代初提出的。三四十年代之交，数学家开始利用所创造的模特征标理论来研究有限单群问题，在这期间，段学复随 R. Brauer 研究了阶含素数 p 仅为一次的群及其模特征标，1942年，他们一起完成了10000阶以下的单群分类。1945年合写了"论有限单群"的论文。1954年又证明了关于对合的中心化子的定理，即设 τ 是偶阶单群 G 的一个对合即二阶元素，CG（τ）是其中心化子。于是，从已知偶阶单群的对合的中心化子出发，最多构造出有限多个单群。可用这结果去发现和构造一些新单群，许多零散单群就是这样发现的；更重要的是可以用中心化子来刻画群的构造，用于单群分类，这一定理标志了单群分类的新起点。1962年，费特和汤普森关于奇阶群必为可解群的定理是单群分类中最重要的一个定理，它标志着有限单群分类的重大突破，也是第一篇长文章。汤普森在文中初步建立并运用了 p 局部子群分析法，其后于 1968~1974 年间，他在关于极小单群及更一般的单 N 群的分类定理的证明中，完善了 p 局部子群分析法。

1972 年，戈朗斯坦提出的有限单群分类方案或计划，指出了如何才能实现有限单群的完全分类。虽然这个计划在后来作了某些修改，但是此后美、英、德、日等国的群论学家自发地组织起来按计划去攻克这个大问题，终于以 10 年左右的时间取得了这项数学史上的重大的成果。

韦伯定律

韦柏定律，即感觉的差别阈限随原来刺激量的变化而变化，而且表现为一定的规律性。在韦伯以前，法国物理学家布格尔曾做过一个测定眼睛对光线的敏感度的实验。他不断改变蜡烛和针孔之间的相对位置，使光线通过针孔投到远处的屏幕上，发现为了在相邻的阴暗区造成一个可以分辨的阴影，两者的亮度至少必须相差 64:1。布格尔的研究没有产生任何有特殊意义的原理，但这中间孕育着"最小可觉差"问题的思想，它在韦伯手中变成了划时代研究工作的一块基石。

韦伯的研究是从"肌肉感觉"开始的，他想了解肌肉的感觉机能对于轻重不同的重物能分辨到什么程度。他用三套不同重量的重物对四个被试进行了实验，发现辨别不是取决于两个重物重量差异的绝对值，而是取决于这一绝对值与标准重量值的比例。在最优条件下，重物之间的差异大约为 29:30 时能被明确觉察到。后来，韦伯又对其他感觉道进行了类似的实验，得到了相同的结果，即对两个刺激物的辨别能力不是取决于两者差异的绝对值，而是取决于差异的相对值。他在实验中还发现，"最小可觉差"可以用一个分数来表示，这个分数虽然随着被试的感觉道不同而有变化，但对于一定的感觉道来说却是不变的，因此他认为，我们可以为每一种感官确定其"最小可觉差"的不变分数。

尽管韦伯定律揭示了引起差别感觉的一些定律，但是，他只适用于中等强度的刺激。在刺激过强或过弱时，韦伯定律就不再适用。在不同的感觉中，韦伯分数的差别是很大的。因此，韦伯分数成为不同感觉通道的辨别能力的指标。韦伯分数越小，辨别就越灵敏。

📗 海伦公式

海伦公式，相传是亚历山大港的希罗发现的，并可在其公元60年的《Metrica》中找到其证明，利用三角形的三条边长来求取三角形面积。由于《Metrica》是一部古代数学知识的结集，这公式的发现时期很有可能先于希罗的著作。海伦公式，又译希罗公式、希伦公式、海龙公式，亦称"海伦—秦九韶公式"。

中国南宋末年数学家秦九韶发现或知道等价的公式，其著作《数书九章》卷五第二题即三斜求积。"问沙田一段，有三斜，其小斜一十三里，中斜一十四里，大斜一十五里，里法三百步，欲知为田几何？"答曰："三百十五顷。"其术文是："以小斜幂并大斜幂，减中斜幂，余，半之。同乘于上，以小斜幂乘大斜幂，减上。余，四约之为实，开平方，得积。"像中国古代的数学家一样，他的方法没有证明。根据现代数学家吴文俊的研究，秦九韶公式可由出入相补原理得出。一些中国学者将这个公式称为秦九韶公式。

由于任何 n 边的多边形都可以分割成 $n-2$ 个三角形，所以海伦公式可以用作求多边形面积的公式。比如说测量土地的面积的时候，不用测三角形的高，只需测两点间的距离，就可以方便地导出答案。

📗 密克定理

密克定理是几何学中关于相交圆的定理，1838年，奥古斯特·密克叙述并证明了数条相关定理，许多有用的定理可由其推出。

定理陈述的是三圆定理：设三个圆 C_1，C_2，C_3 交于一点 O，而 M，N，P 分别是 C_1 和 C_2，C_2 和 C_3，C_3 和 C_1 的另一交点。设 A 为 C_1 的点，直线 MA 交 C_2 于 B，直线 PA 交 C_3 于 C，那么 B，N，C

这三点共线。逆定理：如果是三角形，M，N，P 三点分别在边 AB，BC，CA 上，那么三角形的外接圆交于一点 O。完全四线形定理：如果 $ABCDEF$ 是完全四线形，那么三角形的外接圆交于一点 O，称为密克点。四圆定理：设 C_1，C_2，C_3，C_4 为四个圆，A_1 和 B_1 是 C_1 和 C_2 的交点，A_2 和 B_2 是 C_2 和 C_3 的交点，A_3 和 B_3 是 C_3 和 C_4 的交点，A_4 和 B_4 是 C_1 和 C_4 的交点。那么 A_1，A_2，A_3，A_4 四点共圆当且仅当 B_1，B_2，B_3，B_4 四点共圆。五圆定理：设 $ABCDE$ 为任意五边形，五点 F，G，H，I，J 分别是 EA 和 BC，AB 和 CD，BC 和 DE，CD 和 EA，DE 和 AB 的交点，那么三角形的外接圆的五个不在五边形上的交点共圆，而且穿过这些交点的圆也穿过五个外接圆的圆心。逆定理：设 C_1，C_2，C_3，C_4，C_5 五个圆的圆心都在圆 C 上，相邻的圆交于 C 上，那么把它们不在 C 上的交点与比邻同样的点连起来，所成的五条直线相交于这五个圆上。

1838 年奥古斯特·密克在约瑟夫·刘维尔的期刊上发表了这定理的一部分。密克的第一条定理是很久前已有的著名经典结果，以圆周角定理证明。完全四线形四圆的交点现在称为密克点，五圆定理是一条更一般的定理的特殊情形，这条定理由威廉·金登·克利福德提出及证明。

📗 毛球定理

在代数拓扑中，毛球定理证明了偶数为单位球上的连续而又处处不为零的切向量场是不存在的。具体来说，如果 f 是定义在一个单位球上的连续函数，并且对球上的每一点 P，其函数值是一个与球面在该点相切的向量，那么总存在球上的一点，使得 f 在该点的值为零。直观上（三维空间）可以想象为一个被"抚平"的"毛球"。这个定理最著名的陈述也正是"永远不可能抚平一个毛球"，这个定理首先在 1912 年被布劳威尔证明。

实际上，根据庞加莱—霍普夫定理，三维空间中的向量场的零点处的指数和为 2，即二维球面的欧拉特征数，因此零点必然存在。对于二维环面，其欧拉特征数为 0，因此"长满毛的甜甜圈"是有可能被"抚平"的。推广来说，对于任意的正偶数，若其欧拉特征数不为 0，则其上连续的切向量场必然存在零点。

毛球定理在气象学上的一个有

趣应用是对于气旋的研究。如果我们把大气的运动：风看为地球表面的一个向量，那么这个向量场连续，因为覆盖地球表面的大气层可以看作是连续分布的。作为理想化的模型，我们可以忽略空气的垂直运动，因为其相对于地球的半径是很小的，或者说我们只研究其水平分量。这样看来，一个完全没有风的点对应着向量场的一个零点。事实上，就物理上来说，空气是不可能在某一个区域处绝对静止的，因为空气总在运动。但毛球定理说明零点存在，因此必然有空气静止的点，并且是孤立点。

数学奖项

国际上最著名的、最有影响的数学奖是菲尔兹奖和沃尔夫奖，各国还另外设有自己的奖项。下面是这些奖项的设立以及获奖情况、获奖条件等。

菲尔兹奖是由已故加拿大数学家菲尔兹提议设立的。1924年他在多伦多市召开的国际数学家大会上，倡议将学术会议剩余经费作为基金，并自己捐赠了部分资金。这个倡议得到了与会的各国数学家一致拥护。1932年菲尔兹不幸病故，但是同年在苏黎世召开的国际数学家大会通过了菲尔兹奖的成立并决定从1936年起开始评定，在每届国际数学家大会上颁发，菲尔兹奖的奖品为1500美元奖金和一枚金质奖章。沃尔夫奖也是国际数学界的一个大奖。不过，与菲尔兹奖不同的是，它是在1976年1月1日，由沃尔夫及其家族捐献而成立的。沃尔夫出生于德国，在第一次世界大战前移民古巴，沃尔夫家族总共捐款1千万美金，沃尔夫奖每年颁发一次，奖给在化学、农业、医学、物理、数学和艺术领域的杰出成就者，每个领域奖金10万，可由几个人联合获得，它没有年龄的限制，而且获奖者都是世界上作出卓越贡献的科学家。这些科学家的巨大声誉使得该奖广为人知，也可以说沃尔夫奖就是数学界的"诺贝尔奖"。

除了这两个国际性的大奖外，世界各国都设有自己的数学奖。比如，美国数学会设立了两个奖：一个是伯克霍夫应用数学奖，另一个是维纳应用数学奖，奖金由美国麻省理工学院的数学系捐赠，总数为2000美元。在加拿大设立的皇家学会托里奖章，创立于1943年，目的是表彰在物理、化学、数学、天文学或有关学科中某个分支作出杰出研究成果的人，不限国籍。以色列有魏茨曼科学研究院利迪纪念奖等。中国有陈省身数学奖、钟家庆数学奖等。

奥林匹克数学

数学奥林匹克活动已在我国普遍开展，奥林匹克数学研究也已成为数学教育的重要课题。目前在我国大部分高等师范院校的数学系中，也都开设了"数学竞赛研究"或"奥林匹克数学理论"的必修或选修课。奥林匹克数学理论正逐渐成为一门独立的数学教育分支。因此，系统的研究和探讨奥林匹克数学理论，无论对高等师范数学教育，还是对中学数学奥林匹克活动都有十分重要的现实意义和理论意义。

"奥数"是奥林匹克数学竞赛的简称，1934年和1935年，前苏联开始在列宁格勒和莫斯科举办中学数学竞赛，并冠以数学奥林匹克的名称，1959年在布加勒斯特举办第一届国际数学奥林匹克竞赛。国际数学奥林匹克作为一项国际性赛事，由国际数学教育专家命题，出题范围超出了所有国家的义务教育水平，难度大大超过大学入学考试。有关专家认为，只有5%的智力超常儿童适合学奥林匹克数学，而能一路过关斩将冲到国际数学奥林匹克顶峰的人更是凤毛麟角。近年来，我国各种以远远高于课堂数学教学内容为主的各种课外数学提高班、培训班纷纷冠以"奥数"的名号，使得"奥数"培训逐渐脱离奥赛选手选拔的轨道，凸显出泛大众化的特征。虽然不少知名数学家和数学教育工作者发出了谨防"奥数"走偏的呼声，但"奥数"成绩与中学升学之间的微妙关系使得"奥数"内涵的扩大化趋势难以阻挡。凡是各学校、团体主办的各种杯赛针对性极强的课外数学培训统统披上了"奥数"的外衣，脱离课本、强调技巧成了"奥数"的代名词。直至初中、高中阶段，随着不断的淘汰，奥林匹克数学才渐渐回到它的本质。

解析几何创立者笛卡尔

初等数学和高等数学的分界线是解析几何，而解析几何是集逻辑、几何、代数三者优点于一身的新的数学。有了解析几何，才有微积分，才有数学分析……这一切，都源自于笛卡尔坐标系，而笛卡尔就是数学的坐标。

笛卡尔（1596—1650）出生在法国，他是欧洲近代哲学的主要开拓者之一，黑格尔称他是"现代哲学之父"。笛卡尔把哲学看成是一种完整的思想体系，并形象地将其比喻成一棵大树：树的干是物理学，研究客观物质世界的形成与本质，属于自然哲学的范畴；树的根是形而上学，研究心智及作为一切推理出发点的所谓"第一原理"；树的枝权代表其他科学，最主要的有医学、机械学和伦理学。笛卡尔认为，"我们不是从树根、树干而是从其枝权上采集果实的"，因此哲学的最终目的在于对具体科学的了解，从而使人类成为"自然的主人"。笛卡尔赞同培根把科学建立在实验基础上的主张，但更强调以理性为主导认识自然的方法，这使得笛卡尔同培根一同成为科学方法论的两位代表人物。使笛卡尔名垂科学史册的，是他创立的解析几何学。笛卡尔的基本思想是：在平面直角坐标系上建立点的坐标，这样一条几何曲线就可以由一个含两个变数的函数关系式来表示。这样，笛卡尔就把一个几何问题通过坐标系，归结为代数方程式。用代数方式研究这个方程式的性质，往往比就图立论的几何方法容易得多。然后，再把代数结论转化为几何语言，就得

出了几何问题的解法。几何问题的代数化，也是中国传统数学的特色。中国当代数学大师吴文俊的数学机械化工作，也是从几何定理的机器证明开始的。

笛卡尔用解析几何研究了具有两个复数的二次方程，如椭圆、双曲线和抛物线等。他对高次代数方程的理论也进行研究，发现了决定高次方程的正根和负根数目的法则——笛卡尔符号定则。笛卡尔还改进了代数符号系统，他用 a，b，c，…表示已知数，用 x，y，z，…表示未知数，用平方的形式表示幂，这些方法人们至今仍在沿用。

微积分的代表泰勒

泰勒（1685—1731），英国数学家是18世纪早期，英国牛顿学派最优秀代表人物之一。1685年在米德尔塞克斯的埃德蒙顿出生。1709年后移居伦敦，获法学硕士学位。他在1712年当选为英国皇家学会会员，并于两年后获法学博士学位。同年出任英国皇家学会秘书，四年后因健康理由辞退职务。1717年，他以泰勒定理求解了数值方程。最后在1731年12月29日于伦敦逝世。

泰勒的主要著作是1715年出

版的《正的和反的增量方法》，书内以下列形式陈述出他已于1712年7月给其老师梅钦信中首先提出的著名定理——泰勒定理：式内 v 为独立变量的增量，为流数。他假定 z 随时间均匀变化，则为常数。上述公式是从格雷戈里——牛顿插值公式发展而成的，当 $x=0$ 时便称作麦克劳林定理。1772年，拉格朗日强调了此公式的重要性，而且称之为微分学基本定理，但泰勒于证明当中并没有考虑级数的收敛性，因而使证明不严谨，这工作直至19世纪20年代才由柯西完成。泰勒定理开创了有限差分理论，使任何单变量函数都可展成幂级数；同时亦使泰勒成了有限差分理论的奠基者。泰勒于书中还讨论了微积分对一系列物理问题的应用，其中以有关弦的横向振动的结果尤为重要。他通过求解方程导出了基本频率公式，开创了研究弦振问题之先河。此外，此书还包括了他于数学上的其他创造性工作，如论述常微分方程的奇异解，曲率问题的研究等。

1715年，泰勒出版了另一名著《线性透视论》，更发表了再版的《线性透视原理》。他以极严密的形式展开其线性透视学体系，其中最突出的贡献是提出和使用"没影点"概念，这对摄影测量制图学之发展有一定影响。

数学王子高斯

在德国哥廷根大学的广场上，矗立着一座用白色大理石砌成的引人注目的纪念碑，它的底座砌成正十七边形，纪念碑上是一个青铜雕像，他就是高斯。

高斯（1777～1855）是德国最伟大的数学家，1777年4月30日生于德国的不伦瑞克，1855年2月23日逝世于哥廷根。由于他非凡的数学才华和伟大成就，人们尊崇他为"数学王子"。高斯几乎对数学的所有领域都做出了重大贡献，是许多数学学科的开创者和奠基人。数学家评论说："在数学世界里，高斯处处留芳。"在代数学方面，他第一个证明了任何一个复系数的单变量的代数方程都至少有一个复数根。这一定理被称为代数基本定理。他还严谨地证明了：任何复系数单变量的 n 次方程有 n 个复数根。这两个定理的证明奠定了代数方程的理论基础。在数论方面，高斯在18世纪末完成了他的传世之作《算术研究》，其中的论等分圆周问题是这部专著的精华部分。这部著作给数论的研究开创了一个新纪元，是现代数论的基础。

高斯非常偏爱数论,他曾经说过:"数学是科学之王,数论是数学之王。"以后的100年间,几乎所有数论方面的发现都能追溯到他的研究里去。高斯在曲面论、单复变函数论及其他方面也有卓越的贡献。此外,他还有大量成果在生前没有发表,其中最著名的有椭圆函数和非欧几何。高斯对科学持严谨慎重的态度,他绝不把没有完全成熟的成果拿出来发表,在他的日记里记载着大量非常有价值的研究成果,直到高斯去世后,人们才发现并被这些重大成果所震惊。

高斯一生勤奋努力,刻苦钻研,治学严谨,成果丰硕,对人类的科学事业做出了巨大贡献。他的格言是"宁肯少些,但要好些"。他的著作都是精心构思,反复推敲后以最精辟的形式论证的。高斯的个性孤僻,他更喜欢独自从事研究。他尽力避免学术论争,一些前瞻性的研究成果,为了避免"蠢人的讥笑,"他宁可把它们锁在抽屉的深处。他特别注意他的著作可能产生的影响,不达尽善尽美的程度绝不发表。所以他的著作远没有欧拉的著作多,但一旦下笔,就会在数学界引起反响。他一生共发表论著155篇,他是最后一位卓越的古典数学家,又是一位杰出的现代数学家。他不仅预见了19世纪的数学,还为19世纪的数学发展奠定了基础。

数学界的斗士伽罗华

伽罗华(1181—1832)是法国人,他对函数论、方程式论和数论作出重要贡献,他的工作为群论奠定了基础。

1770年,拉格朗日精心分析了二次、三次、四次方程根式解的结构之后,提出了方程的预解式概念,并且还进一步看出预解式和方程的各个根在排列置换下的形式不变性有关,这时他认识到求解一般五次方程的代数方法可能不存在。此后,挪威数学家阿贝尔利用置换群的理论,给出了高于四次的一般代数方程不存在代数解的证明。伽罗华通过改进数学大师拉格朗日的思想,即设法绕过拉氏预解式,但又从拉格朗日那里继承了问题转化的思想,即把预解式的构成同置换群联系起来的思想,并在阿贝尔研究的基础上,进一步发展了他的思想,把全部问题转化或归结为置换群及其子群结构的分析。这个理论的大意是:每个方程对应于一个域,即含有方程全部根的域,称为这个方程的伽罗华域,这个域对应一个群，即这个方程根的置换群，称为这方程的伽罗华群。伽罗华域的子域和伽罗华群的子群有一一对应关系；当且仅当一个方程的伽罗华群是可解群时，这方程的根是可解的。1830年2月，伽罗华将他的研究成果比较详细地写成论文交上去了，以参加科学院的数学大奖评选，希望能够获奖。论文寄给当时科学院终身秘书傅立叶，但傅立叶在当年5月去世了，在他的遗物中未能发现伽罗华的手稿。就这样，伽罗华递交的两次数学论文都被遗失了。

对事业必胜的信念激励着年轻的伽罗华。虽然他的论文一再被丢失，得不到应有的支持，但他并没有灰心，他坚持他的科研成果，不仅一次又一次地想办法传播出去，还进一步向更广的领域探索。

发现勾股定理的毕达哥拉斯

最早把数的概念提到突出地位的是毕达哥拉斯学派，他们很重视数学，企图用数来解释一切。宣称数是宇宙万物的本原，研究数学的目的并不在于使用而是为了探索自然的奥秘。他们从五个苹果、五个手指等事物中抽象出了"五"这个数。这在今天看来是很平常的事，但在当时的哲学和实用数学界，这算是一个巨大的进步。在实用数学方面，它使得算术成为可能。在哲学方面，这个发现促使人们相信数是构成实物世界的基础。

毕达哥拉斯（前580—前500年）本人以发现勾股定理著称于世。这定理早已为巴比伦人和中国人所知，在中国古代大约是战国时期西汉的数学著作《周髀算经》中记录着商高同周公的一段对话。商高说："……故折矩，勾广三，股修四，经隅五。"商高那段话的意思就是说：当直角三角形的两条直角边分别为3（短边）和4（长边）时，径隅（就是弦）则为5。以后人们就简单地把这个事实说成"勾三股四弦五"。这就是中国著名的勾股定理。不过最早的证明大概可归功于毕达哥拉斯。他是用演绎法证明了直角三角形斜边平方等于两直角边平方之和，即毕达哥拉斯定理（勾股定理）。毕达哥拉斯对数论作了许多研究，将自然数区分为奇数、偶数、素数、完全数、平方数、三角数和五角数等。在毕达哥拉斯派看来，"数"为宇宙提供了一个概念模型，数量和形状决定一切自然物体的形式，"数"不但有量的多寡，而且也具有几何形状。在这个意义上，他们把数理解为自然物体的形式和形象，是一切事物的总根源。因为有了数，才有了几何学上的点，有了点才有线面和立体，有了立体才有火、气、水、土这四种元素，从而构成万物，所以数在物之先。自然界的一切现象和规律都是由数决定的，都必须服从"数的和谐"，即服从数的关系。

毕达哥拉斯还通过说明数和物理现象间的联系，来进一步证明自己的理论。他曾证明用三条弦发出某一个乐音，以及它的第五度音和第八度音时，这三条弦的长度之比为6:4:3。他还认为十是最完美的数，所以天上运动的发光体必然有十个。

几何之父欧几里得

欧几里得（前330—前275），古希腊数学家，被称为"几何之父"。他活跃于托勒密一世时期的亚历山大里亚，他最著名的著作《几何原本》是欧洲数学的基础，提出五大公设，发展欧几里得几何，被广泛地认为是历史上最成功的教科书。欧几里得也写了一些关于透视、圆锥曲线、球面几何学及数论的作品。

最早的几何学兴起于公元前7世纪的古埃及，后经古希腊数学家泰勒斯等人传到古希腊的米利都城。在欧几里得以前，人们已经积累了许多几何学的知识，然而这些知识当中，存在一个很大的缺点和不足，就是缺乏系统性。大多数是片断、零碎的知识，公理与公理之间、证明与证明之间并没有什么很强的联系性，更不要说对公式和定理进行严格的逻辑论证和说明。因此，随着社会经济的繁荣和发展，特别是随着农林畜牧业的发展、土地开发和利用的增多，把这些几何学知识加以条理化和系统化，成为一整套可以自圆其说、前后贯通的知识体系，已经是刻不容缓，成为科学进步的大势所趋。欧几里得通过早期对柏拉图数学思想，尤其是几何学理论系统的周详的研究，已敏锐地察觉到了几何学理论的发展趋势。他下定决心，要在有生之年完成这一工作。为了完成这一重任，欧几里得不辞辛苦，长途跋涉，从爱琴海边的雅典古城，来到尼罗河流域的埃及新埠——亚历山大城，为的就是在这座新兴的，但文化蕴藏丰富的异域城市实现自己的初衷。在此地的无数个日日夜夜里，他一边收集以往的数学专著和手稿，向有关学者请教，一边试着著书立说，阐明自己对几何学的理解，哪怕是尚肤浅的理解。

经过欧几里得忘我的劳动，终于在公元前300年结出丰硕的果实，这就是几经易稿而最终定形的《几何原本》一书。这是一部传世之作，几何学正是有了它，不仅第一次实现了系统化、条理化，而且又孕育出一个全新的研究领域——欧几里得几何学，简称"欧氏几何学"。

贡献巨大的费马

费马（1601—1665），法国著名数学家，被誉为"业余数学家之王"16、17世纪，微积分是继解析几何之后的最璀璨的明珠。曲线的切线问题和函数的极大、极小值问题是微积分的起源之一。费马建立了求切线、求极大值和极小值以及定积分方法，对微积分做出了重大贡献。

早在古希腊时期，偶然性与必然性及其关系问题便引起了众多哲学家的兴趣与争论，但是对其有数学的描述和处理却是15世纪以后的事。16世纪早期，意大利出现了卡尔达诺等数学家研究骰子中的博弈机会，在博弈的点中探求赌金的划分问题。费马考虑到四次赌博可能的结局有 $2\times2\times2\times2=16$ 种，除了一种结局即四次赌博都让对手赢以外，其余情况都是第一个赌徒获胜。费马此时还没有使用概率一词，但他却得出了使第一个赌徒赢得概率是 $15/16$，即有利情形数与所有可能情形数的比。这个条件在组合问题中一般均能满足，例如纸牌游戏，掷骰子和从罐子里摸球。其实，这项研究为数学模型概率空间的抽象奠定了博弈基础，尽管这种总结是到了1933年才由柯尔莫哥洛夫作出的。费马和布莱士·帕斯卡在相互通信以及著作中建立了概率论的基本原则——数学期望的概念。这是从点的数学问题开始的：在一个被假定有同等技巧的博弈者之间，在一个中断的博弈中，如何确定赌金的划分，已知两个博弈者在中断时的得分及在博弈中获胜所需要的分数。费马做出了这样的讨论：一个博弈者A需要4分获胜，博弈者B需要3分获胜的情况，这是费马对此种特殊情况的解。因为显然最多四次就能决定胜负。

一般概率空间的概念，是人们对于概念的直观想法的彻底公理化。从纯数学观点看，有限概率空间似乎显得平淡无奇。但一旦引入了随机变量和数学期望时，它们就成为神奇的世界了。费马的贡献便在于此。费马一生从未受过专门的数学教育，数学研究也不过是业余爱好。然而，在17世纪的法国还找不到哪位数学家可以与之匹敌：他是解析几何的发明者之一；对于微积分诞生的贡献仅次于牛顿、莱布尼茨，费马堪称是17世纪法国最伟大的数学家之一。

分析学的化身欧拉

欧拉（1707—1783），是18世纪最优秀的数学家，也是历史上最伟大的数学家之一，被称为"分析学的化身"。欧拉出生在瑞士，小时候就特别喜欢数学，不满10岁就开始自学《代数学》。13岁就进巴塞尔大学读书，这在当时是个奇迹，曾轰动了数学界。

小欧拉是整个瑞士大学校园里年龄最小的学生，在大学里得到当时最有名的数学家微积分权威约翰·伯努利的精心指导，并逐渐与其建立了深厚的友谊。约翰·伯努利后来曾这样称赞青出于蓝而胜于蓝的学生："我介绍高等分析时，他还是个孩子，而你将他带大成人。"两年后的夏天，欧拉

获得巴塞尔大学的学士学位，次年，欧拉又获得巴塞尔大学的哲学硕士学位。1725年，欧拉开始了他的数学生涯。欧拉的记忆力和心算能力是罕见的，他能够复述年轻时代笔记的内容，心算并不限于简单的运算，高等数学一样可以用心算去完成。有一个例子足以说明他的本领，欧拉的两个学生把一个复杂的收敛级数的17项加起来，算到第50位数字，两人相差一个单位，欧拉为了确定究竟谁对，用心算进行全部运算，最后把错误找了出来。欧拉在失明的17年中；还解决了使牛顿头痛的月离问题和很多复杂的分析问题。欧拉的一生，是为数学发展而奋斗的一生，他那杰出的智慧，顽强的毅力，孜孜不倦的奋斗精神和高尚的科学道德，永远是值得我们学习的。

欧拉在数学、物理、天文、建筑以至音乐、哲学方面都取得了辉煌的成就。在数学的各个领域，常常见到以欧拉命名的公式、定理和重要常数。课本上常见的如 π、i、e、$\sin$ 和 $\cos$、tg、$\triangle x$、Σ、$f(x)$ 等，都是他创立并推广的。哥德巴赫猜想也是在他与哥德巴赫的通信中提出来的。欧拉还首先完成了月球绕地球运动的

精确理论，创立了分析力学、刚体力学等力学学科，深化了望远镜、显微镜的设计计算理论。欧拉的结果分散在数学的各个领域里，几乎在数学每个领域都可以看见欧拉的名字，以欧拉命名的定理、公式、函数等不计其数。

芝诺的悖论说

芝诺（前490—前425），因其悖论而著名，并因此在数学和哲学两方面享有不朽的声誉。芝诺悖论的历史，大体上也就是连续性、无限大和无限小这些概念的历史。但遗憾的是，芝诺的著作没有能流传下来。

直到19世纪中叶，人们对于亚里士多德关于芝诺悖论的引述及批评几乎是深信不疑的，普遍认为芝诺悖论只不过是一些有趣的谬见。英国数学家罗素感慨地说："在这个变化无常的世界上，没有什么比死后的声誉更变化无常了。死后得不到应有评价的最显眼的牺牲品莫过于埃利亚的芝诺了。他虽然发明了4个无限微妙、无限深邃的悖论，后世的大批哲学家们却宣称他只不过是一个聪明的骗子，而他的悖论只不过是一些诡辩。遭到2000多年的连续驳斥之后，这些'诡辩'才得

以正名。"19世纪下半叶以来，学者们开始重新研究芝诺。他们推测芝诺的理论在古代就没有得到完整的、正确的报道，而是被诡辩家们用作倡导怀疑主义和否定知识的工具，从而背离了芝诺的真正宗旨。而亚里士多德正是按照被诡辩家们歪曲过的形象来引述芝诺悖论的。然而，迄今为止，学者们还找不出可靠的证据足以推翻亚里士多德和辛普里西奥斯关于芝诺悖论的记述。由于目前对希腊哲学史了解得还不够，对于芝诺提出这些悖论的目的何在尚不清楚。比较一致的意见是：芝诺关于运动的悖论并不是简单地否认运动，芝诺责难也不是简单地把两只羊说成一只羊。在这些悖论后面有着更深层的内涵。亚里士多德的著作保存了芝诺悖论的大意，功不可没，但是他对于芝诺悖论的分析和批评并非十分成功，是值得重新研究的。

虽然芝诺时代已经过去2400多年了，但是围绕芝诺的争论还没有休止。不论怎样，人们无须担心芝诺的名字会从数学史上一笔勾销。正如美国数学史家贝尔所说，芝诺毕竟曾以非数学的语言，记录下了最早同连续性和无限性格斗的人们所遭遇到的困难。

代数之父韦达

韦达（1540—1603），是法国16世纪最有影响的数学家之一，第一个引进系统的代数符号，并对方程论做了改进。他1540年生于法国，年轻时学习法律当过律师，后从事政治活动，当过议会的议员，在对西班牙的战争中曾为政府破译敌军的密码。

韦达还致力于数学研究，第一次有意识有系统地使用字母来表示已知数、未知数及其乘幂，带来了代数学理论研究的重大进步。韦达讨论了方程根的各种有理变换，发现了方程根与系数之间的关系，所以人们把叙述一元二次方程根与系数关系的结论称为"韦达定理"。韦达在欧洲被尊称为"代数学之父"，最重要的贡献是对代数学的推进，他最早系统地引入代数符号，推进了方程论的发展。韦达用"分析"这个词来概括当时代数的内容和方法。他创设了大量的代数符号，用字母代替未知数，系统阐述并改良了三、四次方程的解法，指出了根与系数之间的关系，著有多部著作。韦达从事数学研究只是出于爱好，然而他却完成了代数和三角学方面的巨著。他的《应用于三角形的数学定律》是最早的数学专著之一，可能是西欧第一部论述6种三角形函数解平面和球面三角形方法的系统著作。韦达还专门写了一篇论文"截角术"，初步讨论了正弦，余弦，正切弦的一般公式，首次把代数变换应用到三角学中。他考虑含有倍角的方程，具体给出了将cos(nx)表示成cos(x)的函数，并给出当$n \leq 11$等于任意正整数的倍角表达式。

韦达还著有《分析方法入门》、《论方程的识别与订正》等多部著作，由于他做出了许多重要贡献，成为16世纪法国最杰出的数学家之一。

几何创始人黎曼

黎曼（1826—1866）生于德国，父亲是一个乡村的穷苦牧师。他6岁开始上学，14岁进入大学预科学习，19岁按其父亲的意愿进入哥廷根大学攻读哲学和神学，以便将来继承父志也当一名牧师。由于从小酷爱数学，黎曼在学习哲学和神学的同时也听些数学课。当时的哥廷根大学是世界数学的中心之一，一些著名的数学家如高斯、韦伯、斯特尔都在校执教。黎曼被这里的数学教学和数学研究的气氛所感染，决定放弃神学，专攻数学。

黎曼对数学最重要的贡献还在于几何方面，他开创的高维抽象几何的研究，处理几何问题的方法和手段是几何史上一场深刻的革命，他建立了一种全新的后来以其名字命名的几何体系，对现代几何乃至数学和科学各分支的发展都产生了巨大的影响。1854年，黎曼为了取得哥廷根大学编外讲师的资格，对全体教员作了一次演讲，演讲中，他对所有已知的几何，包括刚刚诞生的非欧几何之一的双曲几何作了纵贯古今的概要，并提出一种新的几何体系，后人称为黎曼几何。黎曼主要研究几何空间的局部性质，他采用的是微分几何的途径，这同在欧几里得几何中或者在高斯、波尔约和罗巴切夫斯基的非欧几何中把空间作为一个整体进行考虑是对立的。黎曼摆脱高斯等前人把几何对象局限在三维欧几里得空间的曲线和曲面的束缚，从维度出发，建立了更一般的抽象几何空间。黎曼仿照传统的微分几何定义流形上两点之间的距离、流形上的曲线、曲线之间的夹角，并以这些概念为基础，展开对维流形几何性质的研究。在维流形上他也定义类似于高斯在研究一般曲面时刻画曲面弯曲程度的曲率。他证明在维流形上维数等于三时，欧几里得空间的情形与高斯等人得到的结果是一致的，因而黎曼几何是传统微分几何的推广。

黎曼发展了高斯关于一张曲面本身就是一个空间的几何思想，开展对维流形内蕴性质的研究，他的研究导致另一种非欧几何——椭圆几何学的诞生。

对数创造者纳皮尔

纳皮尔（1550—1617）出生于苏格兰的贵族家庭，13岁进入圣安德鲁斯的圣萨尔瓦特学院，曾在那里接受神学教育。

纳皮尔是一位地主，他曾试验肥料的使用和饲料的配合，并发现在饲料中加盐的好处。他还发明了螺旋抽水机，用于抽去煤坑中的水。纳皮尔还预言将来会有许多种杀伤力强的武器，并提出了设计，画了示意图。他预言将来会造出一种枪炮，它能"清除四英里圆周内所有超过一英尺高的活着的动物"；会生产"在水下航行的机器"；并且会创造一种战车，它有"一只血盆大口"，能"毁灭所经之处的任何东西"。他大部分时间生活在贵族庄园，并且把大部分精力花在那个时代的政治和宗教论争中，但仍为数学的发展做了许多有价值的工作。自 1572 年他第一次结婚后不久，就开始搜集资料，写了一本关于算术和代数的论著，此书仅以手稿形式保存下来。1839 年由其后裔发表，书名为《算术技巧》。从这部著作中看出，纳皮尔研究过方程的虚根，并把它当作是代数学中的秘密。纳皮尔于 1590 年左右开始写关于对数的著作，后来发表了两本拉丁文论著：《奇妙的对数定理说明书》和《奇妙对数定律的构造》。《奇妙的对数定理说明书》对于对数的性质和用法作了简要叙述，并包括以分弧为间隔的角的正弦的对数表。

如果把对数改变一下，使得 1 的对数为 0，10 的对数为 10 的适当次幂，造出来的表会更有用。于是，就有了今天的常用对数。对数作为一种计算方法，其优越性在于：通过对数，乘法和除法被归结为简单的加法和减法运算。

📗 数学家族中的伯努利

在科学史上，父子科学家、兄弟科学家并不鲜见，然而，在一个家族跨世纪的几代人中，众多父子兄弟都是科学家的却较为罕见，其中，瑞士的伯努利家族最为突出。

伯努利家族 3 代人中产生了 8 位科学家，出类拔萃的至少有 3 位；而在他们一代又一代的众多子孙中，至少有一半相继成为杰出人物。伯努利家族的后裔有不少于 120 位被人们系统地追溯过，他们在数学、科学、技术、工程乃至法律、管理、文学、艺术等方面享有名望，有的甚至声名显赫。最不可思议的是这个家族中有两代人，他们中的大多数数学家，并非有意选择数学为职业，然而却忘情地沉溺于数学之中，有人调侃他们就像酒鬼碰到了烈酒。

老尼古拉·伯努利（1623—1708）生于巴塞尔，受过良好教育，曾在当地政府和司法部门任高级职务。他有 3 个有成就的儿子。其中长子雅各布（1654—1705）和第三个儿子约翰（1667—1748）成为著名的数学家，第二个儿子小尼古拉（1662—1716）在成为彼得堡科学院数学界的一员之前，是伯尔尼的第一个法律学教授。1654 年 12 月 27 日，雅各布·伯努利生于巴塞尔，毕业于巴塞尔大学，1671 年 17 岁时获艺术硕士学位。这里的艺术指"自由艺术"，包括算术、几何学、天文学、数理音乐和文法、修辞、雄辩术共7大门类。遵照父亲的愿望，他于1676年22岁时又取得了神学硕士学位。然而，他也违背父亲的意愿，自学了数学和天文学。1676年，他到日内瓦做家庭教师。从1677年起，他开始在那里写内容丰富的《沉思录》。1687年，雅各布在《教师学报》上发表数学论文《用两相互垂直的直线将三角形的面积四等分的方法》，同年成为巴塞尔大学的数学教授，直至1705年8月16日逝世。

许多数学成果与雅各布的名字相联系。例如悬链线问题，曲率半径公式，"伯努利双纽线"，"伯努利微分方程"，"等周问题"等。雅各布对数学最重大的贡献是在概率论研究方面。他从1685年起发表关于赌博游戏中输赢次数问题的论文，后来写成巨著《猜度术》。

过早陨落的数学流星阿贝尔

翻开近世数学的教科书和专门著作，阿贝尔这个名字是屡见不鲜的：阿贝尔积分、阿贝尔函数、阿贝尔积分方程、阿贝尔群、阿贝尔级数、阿贝尔部分和公式、阿贝尔基本定理、阿贝尔极限定理等等。很少几个数学家能使自己的名字同近世数学中这么多的概念和定理联系在一起。然而这位卓越的数学家却是一个命途多舛的早夭者，只活了短短的27年。尤其可悲的是，在他生前，社会并没有给他的才能和成果以公正的承认。

阿贝尔（1802—1829）出生于挪威的一个农村，他很早便显示了数学方面的才华。16岁那年，他遇到了一个能赏识其才能的老师霍姆伯介绍他阅读牛顿、欧拉、拉格朗日、高斯的著作。大师们不同凡响的创造性方法和成果，一下子开阔了阿贝尔的视野，把他的精神提升到一个崭新的境界，他很快被推进到当时数学研究的前沿阵地。后来他感慨地在笔记中写下这样的话："要想在数学上取得进展，就应该阅读大师的而不是他们的门徒的著作"。椭圆函数是从椭圆积分来的，早在18世纪，从研究物理、天文、几何学的许多问题中经常导出一些不能用初等函数表示的积分，这些积分与计算椭圆弧长的积分往往具有某种形式上的共同性，椭圆积分就是如此得名的。19世纪初，椭圆积分方面的权威是法国科学院德高望重的勒让得。他研究这个题材长达40年之久，他从前辈工作中引出许多新的推断，组织了许多常规的数学论题，但他并没有增进任何基本思想，他把这项研究引到了"山重水复疑无路"的境地。也正是阿贝尔，使勒让得在这方面所研究的一切黯然失色，开拓了"柳暗花明"的前途。

阿贝尔一生最重要的工作是完成关于椭圆函数理论的广泛研究。在被称为"函数论世纪"的19世纪的前半叶，阿贝尔的工作是函数论的两个最高成果之一。

级数创始人傅立叶

傅立叶（1768—1830）是法国数学家、物理学家。生于法国中部欧塞尔一个裁缝家庭，8岁时沦为孤儿，就读于地方军校，1795年任巴黎综合工科大学助教，1798年随拿破仑军队远征埃及，受到拿破仑器重，回国后被任命为格伦诺布尔省省长，由于对热传导理论的贡献，于1817年当选为巴黎科学院院士，1822年成为科学院终身秘书。

傅立叶早在1807年就写成关于热传导的基本论文，但经拉格朗日、拉普拉斯和勒让得审阅后被科学院拒绝，1811年又提交了经修改的论文，该文获科学院大奖，却未正式发表。1822年，傅立叶终于出版了专著《热的解析理论》。这部经典著作将欧拉、伯努利等人在一些特殊情形下应用的三角级数方法发展成内容丰富的一般理论，三角级数后来就以傅立叶的名字命名。傅立叶应用三角级数求解热传导方程，同时为了处理无穷区域的热传导问题又导出了现在所称的"傅立叶积分"，这一切都极大地推动了偏微分方程边值问题的研究。然而傅立叶的工作意义远不止此，它迫使人们对函数概念作出了修正、推广，特别是引起了对不连续函数的探讨；三角级数收敛性问题更刺激了集合论的诞生。因此，《热的解析理论》影响了整个19世纪分析严格化的进程。

其他贡献有：最早使用定积分符号，改进了代数方程符号法则的证法和实根个数的判别法等。

博学多才的数学家莱布尼茨

莱布尼茨（1646—1716）是德国最重要的自然科学家、数学家、物理学家、历史学家和哲学家，一个举世罕见的科学天才，和牛顿同为微积分的创建人。他博览群书，涉猎百科，对丰富人类的科学知识宝库做出了不可磨灭的贡献。

17世纪下半叶，欧洲科学技术迅猛发展，由于生产力的提高和社会各方面的迫切需要，经各国科学家的努力与历史的积累，建立在函数与极限概念基础上的微积分理论应运而生了。微积分思想，最早可以追溯到希腊，由阿基米德等人提出的计算面积和体积的方法。1665年牛顿创始了微积分，莱布尼茨在1673~1676年间也发表了微积分思想的论著。以前，微分和积分作为两种数学运算、两类数学问题，是分别加以研究的。卡瓦列里、巴罗、沃利斯等人得到了一系列求面积、求导数的重要结果，但这些结果都是孤立的，不连贯的。只有莱布尼茨和牛顿将积分和微分真正沟通起来，明确地找到了两者内在的直接联系：微分和积分是互逆的两种运算。而这是微积分建立的关键所在。只有确立了这一基本关系，才能在此基础上构建系统的微积分学。并从对各种函数的微分和求积公式中，总结出共同的算法程序，使微积分方法普遍化，发展成用符号表示的微积分运算法则。因此，微积分"是牛顿和莱布尼茨大体上完成的，但不是由他们发明的"。然而关于微积分创立的优先权，在数学史上曾掀起了一场激烈的争论。实际上，牛顿在微积分方面的研究虽早于莱布尼茨，但莱布尼茨成果的发表则早于牛顿。

莱布尼茨认识到好的数学符号能节省思维劳动，运用符号的技巧是数学成功的关键之一。因此，他所创设的微积分符号远远优于牛顿的符号，这对微积分的发展有极大影响。1713年，莱布尼茨发表了《微积分的历史和起源》一文，总结了自己创立微积分学的思路，说明了自己成就的独立性。莱布尼茨在数学方面的成就是巨大的，他的研究及成果渗透到高等数学的许多领域。他的一系列重要数学理论的提出，为后来的数学理论奠定了基础。莱布尼茨首先引入了行列式的概念，提出行列式的某些理论，此外，还创立了符号逻辑学的基本概念。

数学之父塞乐斯

塞乐斯生于公元前624年，是古希腊第一位闻名世界的大数学家。他原是一位很精明的商人，靠卖橄榄油积累了相当财富后，便专心从事科学研究和旅行。他勤奋好学，同时又不迷信古人，勇于探索，勇于创造，积极思考问题。他的家乡离埃及不太远，所以他常去埃及旅行。在那里，塞乐斯认识了古埃及人在几千年间积累的丰富数学知识。他游历埃及时，曾用一种巧妙的方法算出了金字塔的高度，使古埃及国王阿美西斯钦羡不已。

塞乐斯的方法既巧妙又简单：选一个天气晴朗的日子，在金字塔边竖立一根小木棍，然后观察木棍阴影的长度变化，等到阴影长度恰好等于木棍长度时，赶紧测量金字塔影的长度，因为在这一时刻，金字塔的高度也恰好与塔影长度相等。也有人说，塞乐斯是利用棍影与塔影长度的比等于棍高与塔高的比算出金字塔高度的。如果是这样的话，就要用到三角形对应边成比例这个数学定理。塞乐斯自夸，说是他把这种方法教给了古埃及人。但事实可能正好相反，应该是埃及人早就知道了类似的方法，但他们只满足于知道怎样去计算，却没有思考为什么这样算就能得到正确的答案。

塞乐斯的伟大之处，在于他不仅能作出怎么样的解释，而且还加上了为什么的科学问号。古代东方人民积累的数学知识，主要是一些由经验中总结出来的计算公式。塞乐斯认为，这样得到的计算公式，用在某个问题里可能是正确的，用在另一个问题里就不一定正确了，只有从理论上证明它们是普遍正确的以后，才能广泛地运用它们去解决实际问题。在人类文化发展的初期，塞乐斯自觉地提出这样的观点是难能可贵的。它赋予数学以特殊的科学意义，是数学发展史上一个巨大的飞跃。所以塞乐斯素有数学之父的尊称。

数学人物柯西小传

柯西（1789—1857），法国数学家、力学家。1789年8月21日生于巴黎。1805~1807年入巴黎综合工科学校学习，1807~1809年在巴黎公路和桥梁学校学习。1809年成为拿破仑军队中的工程师，参加一系列工程建设，并利用业余时间从事他的数学研究工作。1815年，柯西成为巴黎综合工科学校数学教授，并被公认为是当时法国最杰出的数学家。柯西和高斯是他们那个时代中知道所有数学分支的最后两位数学家。不管是纯粹数学还是应用数学，也不管是物理学还是天文学两人都几乎在每个领域中做出过重要的贡献。

柯西使得数学分析的严密性达到了前所未有的新水平。我们现在所使用的极限和连续的概念都归功于他。他给出了微积分基本定理的第一个证明。柯西还是复变函数论的奠基人,置换群和行列式研究的先驱者。一生著述甚丰,光数学方面就有24大卷,是仅次于欧拉的多产数学家,就是在50岁之后他还写下了500多篇论文。柯西1857年5月23日卒于巴黎附近的索镇。

数学人物若尔当小传

若尔当(1838—1922),法国数学家。1838年1月5日生于里昂。1855年以第一名的成绩进入巴黎综合工科学校,毕业后进入矿业大学,以后任工程师至1885年。从1873~1912年,他同时在巴黎综合工科学校和法兰西学院任教。1881年被选为法兰西科学院院士。在代数、几何、分析、拓扑学以及数学基础方面均有重要贡献。以他的名字命名的概念有:矩阵论中的若尔当典范型、拓扑学中的若尔当定理、群论中的若尔当——赫尔德定理和若尔当代数等。他在1870年发表的《置换与代数方程论》是一部经典著作,其中首次将由伽罗瓦创建的确定多项式的根式解的理论(即伽罗瓦理论)进行了清晰和完整的论述,并特别研究了线性变换群、可解群及其在代数和几何上

的应用。在这本书中,若尔当还首次将变换群称为阿贝尔群。虽然群这一术语是伽罗瓦引入的,但正是若尔当的著作才使得该术语为广大数学家所接受。他的另一影响巨大的书是《分析教程》,这是第一部严密的分析著作,特别是提出了有名的若尔当定理。若尔当1922年1月22日在巴黎逝世。

数学人物拉格朗日小传

拉格朗日(1736—1813),1736年1月25日出生在意大利,祖先是法国人。早年他阅读一篇由英国天文学家哈雷写的关于牛顿微积分的论文时就深深地被数学所吸引。19岁时,他成了都灵皇家炮兵学校的数学教授。拉格朗日对数学和物理的许多领域有过重要的贡献,这些领域包括:数论、方程论、常微分方程和偏微分方程、变分法、解析几何、流体力学以及天体力学。他关于用根式求解一元三次和四次代数方程的方法为伽罗瓦用群论方法解多项式的理论(即伽罗瓦理论)的建立打下了扎实的基础。拉格朗日还是一位很好的作家,他的文笔流畅、风格清新。

40岁时,拉格朗日被任命为柏林科学院的院长,以接替欧拉。

1787年，他应路易十六的邀请访问巴黎，成为国王和王后的好朋友。1793年，拉格朗日领导了一个其成员包括拉普拉斯和法国化学家拉瓦锡在内的委员会，致力于设计一种新的重量和长度系统，其结果是米制的诞生。他曾先后5次获得法兰西科学院奖金。拉格朗日于1813年4月10日在巴黎逝世。

数学人物伽罗瓦小传

伽罗瓦（1811—1832），法国数学家。1811年10月25日生于巴黎近郊布拉伦，幼年受到良好的家庭教育，12岁进入巴黎一所公立中学。1827年开始自学勒让德、拉格朗日、高斯和柯西等大师的经典著作和论文。18岁时，他完成了一篇代数方程理论方面的重要论文，并递交给了法国科学院请求发表。论文交由柯西审阅，柯西给予了肯定，但随后就石沉大海。以后他投到巴黎科学院的论文又有两次被遗失或退回。在1828~1830年期间，他得到了后来被称为"伽罗瓦理论"的重要结论。1830年进入巴黎高等师范学校学习，由于参加政治斗争，公开反对国王制度，被学校除名，并两次入狱。1832年5月30日，伽罗瓦由于政治和爱情的纠葛在决斗中被人射伤，第二天就不幸去世，死时还不满21岁。在伽罗瓦之前，数学家们已经找到了一至四次代数方程的求根公式，而用根式求解一般的五次方程是不可能的这一结论直到1824年阿贝尔才给出了一个基本正确的证明。伽罗瓦并不知道阿贝尔的工作。他深入研究了方程能用根式求解的必须满足的本质条件，建立了方程与由方程的根所定义的扩域以及根的"容许"置换组成的群之间的关系。他得到了代数方程能用根式解的充要条件是它所对应的群可解。由此，他认识到五次及五次以上的方程需要用完全不同于低次方程的方法。他提出的"伽罗瓦域"、"伽罗瓦群"和"伽罗瓦理论"是近世代数所研究的重要课题。伽罗瓦的工作是19世纪数学中最杰出的成就之一。伽罗瓦理论是代数学发展中的一个里程碑。伽罗瓦之前，代数学研究的中心问题是代数方程的求根问题，而伽罗瓦之后，代数学的中心问题渐渐转移到研究群、环、域等代数系统的结构与分类，步入了近世代数的阶段。

伽罗瓦生前并未获得应有的荣誉。在决斗前夕，他给好友写了封信，请求把他的论文公诸于世，但并没有引起人们的注意。直到1846年，他的附有刘维尔注释的手稿才在《纯粹和应用数学杂志》上发表。1870年，法国数学家若尔当在其著作《置换和代数方程论》中对伽罗瓦理论作了长篇论述。从此，伽罗瓦的工作才被完全理解，同时也确立了他在数学史上的地位。

数学人物凯莱小传

凯莱（1821—1895），1821年8月16日出生在英格兰。父亲在俄国经商，凯莱的童年在那里度过。8岁时随父母返回英国。14岁入国王学校学习，数学才华初露，擅长大数运算。17岁考入剑桥大学三一学院，20岁不到就发表了他的第一篇论文，第二年又发表了8篇论文。

三一学院毕业后他留校任教3年。25岁时他开始了14年的律师生涯。任职期间又发表了近200篇数学论文，其中的大部分现已成为经典的数学内容。1863年凯莱应邀返回剑桥任数学教授，直至去世。他最大的非数学方面的贡献是由于他的影响使剑桥向妇女开放了。凯莱和他的好友西尔威斯特是不变量理论的奠基人，而不变量理论在以后相对论的研究中起了重要的作用。他引入了抽象群、群代数以及矩阵等概念，并对几何与线性代数做出了主要的贡献，其中包括：发明了表示行列式的两竖符号，建立行列式的乘法定理等。凯莱一生中仅出版过一本专著《椭圆函数初论》，但发表了近1000篇论文。他的论文选集有13卷之多，每卷长达600多页。

凯莱于1895年1月26日卒于剑桥。

"代数学之父"丢番图

丢番图（246~330），古希腊数学家。他对代数学的发展起了极其重要的作用，对后来的数论学者有很深的影响。丢番图的《算术》是讲数论的，它讨论了一次、二次以及个别的三次方程，还有大量的不定方程。现在对于具有整数系数的不定方程，如果只考虑其整数解，这类方程就叫做丢番图方程，它是数论的一个分支。不过丢番图并不要求解答是整数，而只要求是正有理数。从另一个角度看，《算术》一书也可以归入代数学的范围。代数学区别于其它学科的最大特点是引入了未知数，并对未知数加以运算。就引入未知数，创设未知数的符号，以及建立方程的思想（虽然未有现代方程的形式）这几方面来看，丢番图的《算术》完全可以算得上是代数。希腊数学自毕达哥拉斯学派后，兴趣中心在几何，他们认为只有经过几何论证的命题才是可靠的。为了逻辑的严密性，代数也披上了几何的外衣。一切代数问题，甚至简单的一次方程的求解，也都纳入了几何的模式之中。直到丢番图，才把代数解放出来，摆脱了几何的羁绊。他认为代数方法比几何的演绎陈述更适宜于解决问题，而他在解题的过程中显示出的高度的巧思和独创性，在希腊数学中独树一帜。所以他被后人称为"代数学之父"。

中国剩余定理创造者秦九韶

秦九韶（1202—1261）与李冶、杨辉、朱世杰并称宋元数学四大家。他对数学进行虔心钻研，并广泛搜集历学、数学、星象、音律、营造等资料，进行分析、研究。

在为母亲守孝时，他把长期积累的数学知识和研究所得加以编辑，写成闻名的巨著《数书九章》，并创造了"大衍求一术"。这不仅在当时处于世界领先地位，在近代数学和现代电子计算设计中，也起到了重要作用，被称为"中国剩余定理"。他所论的"正负开方术"，被称为"秦九韶程序"。现在，世界各国从小学、中学到大学的数学课程，几乎都接触到他的定理、定律和解题原则。秦九韶在数学方面的研究成果，比英国数学家取得的成果要早800多年。《数书九章》是一部划时代的巨著。全书九章十八卷，九章九类，每类9题共计81题，该书内容丰富至极，上至天文、星象、历律、测候，下至河道、水利、建筑、运输，各种几何图形和体积。许多计算方法和经验常数直到现在仍有很高的参考价值和实践意义，被誉为"算中宝典"。此书不仅代表着当时中国数学的先进水平，也标志着中世纪世界数学的最高水平。秦九韶的"大衍求一术"，领先高斯554年，被康托尔称为"最幸运的天才"。在《数书九章》中除"大衍求一术"外，还创拟了正负开方术，即任意高次方程的数值解法，也是中世纪世界数学的最高成就，秦九韶所发明的此项成果比1819年英国人霍纳的同样解法早572年。秦九韶的正负方术，列算式时，提出"商常为正，实常为负，从常为正，益常为负"的原则，纯用代数加法，给出统一的运算规律，并且扩充到任何高次方程中去。

秦九韶还创用了"三斜求积术"，给出了已知三角形三边求三角形面积公式，与海伦公式完全一致。秦九韶还给出一些经验常数，如筑土问题中的"坚三穿四壤五，粟率五十，墙法半之"等，即使对现在仍有现实意义。秦九韶还在十八卷77问"推计互易"中给出了配分比例和连锁比例的混合命题的巧妙且一般的运算方法，至今仍有意义。

中国数学史上的牛顿——刘徽

刘徽生于公元250年左右，东汉三国后期魏国人，是中国古代杰出的数学家，也是中国古典数学理论的奠基者之一。

刘徽的主要著作有《九章算术注》、《重差术》、《九章重差图》等。他的数学成就大致为两方面：一是清理中国古代数学体系并奠定了它的理论基础，这方面集中体现在《九章算术注》中。它已形成一个比较完整的理论体系：用数的同类与异类阐述了通分、约分、四则运算，以及繁分数化简等的运算法则；在开方术的注释中，他从开方不尽的意义出发，论述了无理方根的存在，并引进了新数，创造了用十进分数无限逼近无理根的方法。在筹式演算理论方面，先给率以比较明确的定义，又以遍乘、通约、齐同等三种基本运算为基础，建立了数与式运算的统一的理论基础，他还用"率"来定义中国古代数学中的"方程"，即现代数学中线性方程组的增广矩阵。在勾股理论方面，逐一论证了有关勾股定理与解勾股形的计算原理，建立了相似勾股形理论，发展了勾股测量术。在面积与体积理论方面，用出入相补、以盈补虚的原理及"割圆术"的极限方法提出了刘徽原理，并解决了多种几何形、几何体的面积、体积计算问题。二是在继承的基础上提出了自己的创见。这方面主要体现为以下几项有代表性的创见：割圆术与圆周率，他在《九章算术·圆田术》注中，用割圆术证明了圆面积的精确公式，并给出了计算圆周率的科学方法。他首先从圆内接六边形开始割圆，每次边数倍增，算到192边形的面积，得到 $\pi=157/50=3.14$，又算到3072边形的面积，得到 $\pi=3927/1250=3.1416$，称为"徽率"。在《九章算术·阳马术》注中，他用无限分割的方法解决锥体体积时，提出了关于多面体体积计算的刘徽原理。

刘徽的工作，不仅对中国古代数学发展产生了深远影响，而且在世界数学史上也确立了崇高的历史地位。鉴于刘徽的巨大贡献，所以不少书上把他称作"中国数学史上的牛顿"。

博学多才的数学家——祖冲之

祖冲之（429—500）是我国杰出的数学家、科学家。南北朝时期人。青年时进入华林学省，从事学术活动。其主要贡献在数学、天文历法和机械三方面。

在数学方面，他写了《缀术》一书，被收入著名的《算经十书》中，《隋书·律历志》留下一小段关于圆周率的记载，算出 π 的真值在 3.1415926 和 3.1415927 之间，相当于精确到小数第 7 位，成为当时世界上最先进的成就。这一纪录直到 15 世纪才由阿拉伯数学家卡西打破。祖冲之还和儿子祖暅一起圆满地利用"牟合方盖"解决了球体积的计算问题，得到正确的球体积公式。在天文历法方面，祖冲之创制了《大明历》，最早将岁差引进历法；采用了 391 年加 144 个闰月的新闰周；首次精密测出交点月日数、回归年日数等数据，还发明了用圭表测量冬至前后若干天的正午太阳影长以定冬至时刻的方法。在机械学方面，他设计制造过水碓磨、铜制机件传动的指南车、千里船、定时器等等。此外，他在音律、文学、考据方面也有造诣，他精通音律，擅长下棋，还写有小说《述异记》。是历史上少有的博学多才的人物。为纪念这位伟大的古代科学家，人们将月球背面的一座环形山命名为"祖冲之环形山"，将小行星 1888 命名为"祖冲之小行星"。祖冲之之所以能够取得这样辉煌的成就，并不是偶然的。首先，当时社会生产正在逐步发展，需要有一定的科学成就来配合前进，因而就推动了科学的进步，祖冲之就在这时候取得了天文、数学和器械制造等方面的成绩。其次，从上古到这时候，在千百年的长时期中，已积累了不少科学成果，祖冲之就在前人创造的基础上做出了他的成绩。至于祖冲之个人的认真学习，刻苦钻研，不迷信古人，不畏惧守旧势力，不怕斗争，不避艰难，自然也都是他取得杰出成就的重要原因。

祖冲之不仅是我国历史上杰出的科学家，而且在世界科学发展史上也有崇高的地位，祖冲之创造的"密率"是世界闻名的。

杰出数学家教育家杨辉

杨辉（约1238—约1298），中国南宋时期杰出的数学家和数学教育家，他是世界上第一个排出丰富的纵横图和讨论其构成规律的数学家。与秦九韶、李冶、朱世杰并称宋元数学四大家。

杨辉一生留下了大量的著述，它们是《详解九章算法》、《日用算法》、《乘除通变本末》等。在前人基础上，对《九章算术》中的80问进一步作注释。杨辉的"纂类"，突破《九章算术》的分类格局，按照解法的性质，重新分为乘除、分率、合率、互换、衰分、叠积、盈不足、方程、勾股九类。在《详解九章算法》一书中还画了一张表示二项式展开后的系数构成的三角图形，称作"开方做法本源"，现在简称为"杨辉三角"。杨辉三角是一个由数字排列成的三角形数表，本质的特征是它的两条斜边都是由数字1组成的，而其余的数则是等于它肩上的两个数之和。北宋初年出现的一种除法——增成法，在杨辉那里得到进一步的完善。增成法的优点在于用加倍补数的办法避免了试商，但对于位数较多的被除数，运算比较繁复，后人改进了它，总结出了"九归古括"，包含44句口诀。杨辉在其《乘除通变算宝》中引《九归新括》口诀32句，分为"归数求成十"、"归数自上加"、"半而为五计"三类。客观上讲，杨辉不遗余力地改进计算技术，大大加快了运算工具改革的步伐。随着筹算歌诀的盛行，运算速度大大加快，以至人们感觉到摆弄算筹跟不上口诀。在这样的背景下，算盘便应运而生了，及至元末，已经广为流行。杨辉的另一重要成果是垛积术，这是杨辉继沈括"隙积术"之后，关于高阶等差级数求和的研究。

杨辉一生致力于数学教育和数学普及，其著述有很多是为了数学教育和普及而写。《算法通变本末》中载有杨辉专门为初学者制订的"习算纲目"，它集中体现了杨辉的数学教育思想和方法。

杰出的数学科学家朱世杰

朱世杰（1249—1314），元代职业数学家，长期从事数学研究和教育事业，他的主要著作有《算学启蒙》和《四元玉鉴》。《算学启蒙》是一部通俗数学名著，曾流传海外，影响了朝鲜、日本数学的发展。《四元玉鉴》则是中国宋元数学高峰的又一个标志，其中最杰出的数学创作有"四元术"、"垛积法"与"招差术"。

朱世杰除了接受北方的数学成就之外，也吸收了南方的数学成就，尤其是各种日用算法、商用算术和通俗化的歌诀等等。在元灭南宋以前，南北之间的交往，特别是学术上的交往几乎是断绝的。南方的数学家对北方的天元术毫无所知，而北方的数学家也很少受到南方的影响。朱世杰曾周游四方，经过长期的游学、讲学等活动，终于在1299年和1303年，在扬州，刊刻了他的两部数学杰作——《算学启蒙》和《四元玉鉴》。杨辉书中的归除歌诀在朱世杰所著《算学启蒙》中有了进一步的发展。朱世杰不仅全面继承并创造性地发扬了天元术、正负开方法等秦、李书中所载的数学成就，还囊括了杨辉书中的日用、商用、归除歌诀之类与当时社会生活密切相关的各种算法，并作了新的发展。由此看来，在朱世杰的工作中，不仅有高次方程的解法，天元术等为代表的北方数学的成就，也包括了杨辉工作中所体现出来的日用，商用算法以及各种歌诀等南方数学的成就，不仅继承了中国古代数学的光辉遗产，而且又作了创造性的发展。朱世杰的工作在一定意义上讲，可以看作是宋元数学的代表，可以看作是古代筹算系统发展的顶峰。就连西方资产阶级学者们也不能否认这一点，《四元玉鉴》是中国数学著作中最重要的一部，同时也是中世纪最杰出的数学著作之一。

朱世杰以他自己的杰出著作，把中国古代数学推向更高的境界，为中国古代数学的光辉史册，增加了新的篇章，形成了宋元时期中国数学发展的最高峰。

百科全书式数学家沈括

在我国北宋时代，有一位非常博学多才、成就显著的科学家，他就是沈括（1031—1095）——我国历史上最卓越的科学家之一。

沈括精通天文、数学、物理学、化学、生物学、地理学、农学和医学；他还是卓越的工程师、出色的外交家；同时，他博学善文，对方志律历、音乐、医药、卜算等无所不精。他晚年所著的《梦溪笔谈》详细记载了劳动人民在科学技术方面的卓越贡献和他自己的研究成果，反映了我国古代特别是北宋时期自然科学达到的辉煌成就。收录了沈括一生的所见所闻和见解。现存《梦溪笔谈》分为26卷，分故事、辩证、乐律、象数、人事、官政、权智、艺文、书画、技艺、器用、神奇、异事、谬误、讥谑、杂志、药议17个门类共609条。内容涉及天文学、数学、地理、地质、物理、生物、医学和药学、军事、文学、史学、考古及音乐等学科。是中国科学技术史上的重要文献，百科全书式的著作。《梦溪笔谈》不仅是我国古代的学术宝库，而且在世界文化史上也有重要的地位，被誉为"中国科学史上的坐标"。沈括在数学方面从实际计算需要出发，创立了"隙积术"和"会圆术"。沈括通过对酒店里堆起来的酒坛和垒起来的棋子等有空隙的堆体积的研究，提出了求它们的总数的正确方法，这就是"隙积术"，也就是二阶等差级数的求和方法。沈括的研究，发展了自《九章算术》以来的等差级数问题，在我国古代数学史上开辟了高阶等差级数研究的方向。此外，沈括还从计算田亩出发，考察了圆弓形中弧、弦和矢之间的关系，提出了我国数学史上第一个由弦和矢的长度求弧长的比较简单实用的近似公式，这就是"会圆术"。这一方法的创立，不仅促进了平面几何学的发展，而且在天文计算中也起了重要的作用，并为我国球面三角学的发展作出了重要贡献。

为"几何"命名的科学家徐光启

学过数学的人，都知道它有一门分科叫作"几何学"，然而却不一定知道"几何"这个名称是怎么来的。在我国古代，这门数学分科并不叫"几何"，而是叫作"形学"。那么，是谁首先把"几何"一词作为数学的专业名词来使用的，用它来称呼这门数学分科的呢？这就是明末杰出的科学家徐光启。

徐光启（1562—1633）是中国明末科学家、农学家、政治家、中西文化交流的先驱之一。徐光启在数学方面的成就，概括地说，有三个方面：论述了中国数学在明代落后的原因；论述了数学应用的广泛性；与意大利传教士利玛窦一起翻译并出版了《几何原本》。中国古代数学源远流长，至汉代形成了以《九章算术》为代表的体系，至宋元时期达到发展的高峰，在高次方程和方程组的解法、一次同余式解法、高阶等差级数和高次内插法等方面都取得了辉煌的成就，较西方同类结果要早出数百年之久。徐光启在数学方面的最大贡献当推《几何原本》的翻译。《几何原本》是古希腊数学家欧几里得在总结前人成果的基础上于公元前3世纪编成的。这部世界古代的数学名著，以严密的逻辑推理形式，由公理、公设、定义出发，用一系列定理的方式，把初等几何学知识整理成一个完备的体系。《几何原本》经过历代数学家，特别是中世纪阿拉伯数学家们的注释，经阿拉伯数学家之手再传入欧洲，对文艺复兴以后近代科学的兴起，产生了很大的影响。许多学者认为《几何原本》所代表的逻辑推理方法，再加上科学实验，是世界近代科学产生和发展的重要前提。

《几何原本》的近代意义不单单是数学方面的，更主要的乃是思想方法方面的。《几何原本》由公理、公设出发给出一整套定理体系的叙述方法，和中国古代数学著作的叙述方法相去甚远。徐光启作为首先到达——严密逻辑体系的人，却能对此提出较明确的认识。

完善天元术的数学家李冶

李冶（1192—1279）是中国古代数学家，自幼聪敏，喜爱读书，对数学和文学都很感兴趣。

李冶在数学上的主要成就是总结并完善了天元术，使之成为中国独特的半符号代数。这种半符号代数的产生，要比欧洲早三百年左右。他的《测圆海镜》是天元术的代表作，而《益古演段》则是一本普及天元术的著作。所谓天元术，就是一种用数学符号列方程的方法。在中国，列方程的思想可追溯到汉代的《九章算术》，书中用文字叙述的方法建立了二次方程，但没有明确的未知数概念。到唐代，王孝通已经能列出三次方程，但仍是用文字叙述的，而且尚未掌握列方程的一般方法。经过北宋贾宪、刘益等人的工作，求高次方程正根的问题基本解决了。随着数学问题的日益复杂，迫切需要一种普遍的建立方程的方法，天元术便在北宋应运而生了，洞渊、石信道等都是天元术的先驱。但直到李冶之前，天元术还是比较幼稚的，记号混乱、复杂，演算烦琐。李冶则在前人的基础上，将天元术改进成一种更简便而实用的方法。当时，北方出了不少算书，除《铃经》外，还有《照胆》、《如积释锁》、《复轨》等，这无疑为李冶的数学研究提供了条件。他在桐川得到了洞渊的一部算书，内有九客之说，专讲勾股容圆问题。此书对他启发甚大。为了能全面、深入地研究天元术，李冶把勾股容圆问题作为一个系统来研究。他讨论了在各种条件下用天元术求圆径的问题，写成《测圆海镜》十二卷，这是他一生中的最大成就。

《测圆海镜》的成书标志着天元术成熟，它无疑是当时世界上第一流的数学著作。但由于内容较深，粗知数学的人看不懂。而且当时数学不受重视，所以天元术的传播速度较慢。李冶清楚地看到这一点，他坚信天元术是解决数学问题的一个有力工具，同时深刻认识到普及天元术的必要性。李冶善于用传统的出入相补原理及各种等量关系来减少题目中的未知数个数，化多元问题为一元问题。其次，李冶在解方程时采用了设辅助未知数的新方法，以简化运算。

数学界的伯乐熊庆来

人们在赞美千里马时，总会记起识马的伯乐。中国科学界在赞美华罗庚时，也不会忘记他的老师，中国近代数学的先驱——熊庆来。

熊庆来（1893—1969），字迪之，云南弥勒人，18岁考入云南省高等学堂，20岁赴比利时学采矿，后到法国留学，并获博士学位。他主要从事函数论方面的研究，定义了一个"无穷级函数"，国际上称为熊氏无穷数。熊庆来热爱教育事业，为培养中国的科学人才，做出了卓越的贡献。1930年，他在清华大学当数学系主任时，从学术杂志上发现了华罗庚的名字，了解到华罗庚的自学经历和数学才华以后，毅然打破常规，请只有初中文化程度的19岁的华罗庚到清华大学。在熊庆来的培养下，华罗庚后来成为著名的数学家。我国许多著名的科学家都是他的学生。在70多岁高龄时，他虽已半身不遂，还抱病指导两个研究生，这就是青年数学家杨乐和张广厚。熊庆来爱惜和培养人才的高尚品格，深受人们的赞扬和敬佩。早在1921年，他在东南大学当教授时，发现一个叫刘光的学生很有才华，经常指点他读书、研究。后来又和一位教过刘光的教授，共同资助家境贫寒的刘光出国深造，并且按时给他寄生活费。有一次，熊庆来甚至卖掉自己身上穿的皮袍子，给刘光寄钱。刘光成为著名的物理学家后，经常满怀深情地提起这段往事，他说："教授为我卖皮袍子的事，十年之后才听到，当时，我感动得热泪盈眶。这件事对我是刻骨铭心的，永生不能忘怀。他对我们这一代多么关心，付出多么巨大的热情和挚爱呀！"

熊庆来既是中国近代数学的先驱，同时也是识千里马的伯乐。他的呕心沥血，不辞劳苦，结出了累累硕果。

中国的爱因斯坦华罗庚

华罗庚（1910—1985），汉族，江苏金坛金城镇人，是世界著名数学家，是中国解析数论、矩阵几何学、典型群、自安函数论等多方面研究的创始人和开拓者。在国际上以华氏命名的数学科研成果就有"华氏定理"、"华氏不等式"、"华氏算子"、"华—王方法"等。他为中国数学的发展作出了举世瞩目的贡献。美国著名数学家贝特曼著文称："华罗庚是中国的爱因斯坦，足以成为全世界所有著名科学院院士。"被列为芝加哥科学技术博物馆中当今世界88位数学伟人之一。

华罗庚同志1924年于金坛中学初中毕业，但因家境不好，读完初中后，便不得不退学去当店员。18岁时患伤寒病，造成左腿残疾。1930年后在清华大学任教。1936年赴英国剑桥大学访问、学习。1938年回国后任西南联合大学教授。1946年赴美国，任普林斯顿数学研究所研究员、普林斯顿大学和伊利诺斯大学教授，1950年回国。历任清华大学教授，中国科学院数学研究所应用数学研究所所长，全国数学竞赛委员会主任，美国国家科学院国外院士，第三世界科学院院士，联邦德国巴伐利亚科学院院士，中国科学技术大学数学系主任、副校长，中国科协副主席，国务院学位委员会委员等职。曾被授予法国南锡大学、香港中文大学和美国伊利诺斯大学荣誉博士学位。主要从事解析数论、矩阵几何学、典型群、自守函数论、多复变函数论、偏微分方程、高维数值积分等领域的研究与教授工作并取得突出成就。20世纪40年代，解决了高斯完整三角和的估计这一历史难题，得到了最佳误差阶估计；对哈代与李特尔伍德关于华林问题及赖特关于塔里问题的结果作了重大的改进，至今仍是最佳纪录。

从20世纪60年代开始，华罗庚把数学方法应用于实际，筛选出以提高工作效率为目标的优选法和统筹法，取得显著经济效益。华罗庚同志是当代自学成才的科学巨匠，是世界著名的数学家。他是中国解析数论、典型群、矩阵几何学、自守函数论与多复变函数论等很多方面研究的创始人与开拓者。为以后矩阵几何学等，打下了奠基。

东方第一几何学家苏步青

苏步青（1902—2003），中国杰出的数学家，被誉为数学王，与棋王谢侠逊、新闻王马星野并称"平阳三王"，是平阳人的骄傲。

苏步青主要从事微分几何学和计算几何学等方面的研究，在仿射微分几何学和射影微分几何学研究方面取得出色成果，在一般空间微分几何学、高维空间共轭理论、几何外形设计、计算机辅助几何设计等方面取得突出成就。他在一般曲面研究中发现了四次代数锥面，这一重大突破在国际数学界引起强烈反响。他是我国第一位研究"K展空间"的专家，在放射微分集合方面在国际数学界有不可争辩的地位。青年时期的苏步青，被国际数学界誉为"东方国土上升起的一颗灿烂的数学明星"，后来他对射影微分几何、射影曲线概论研究取得巨大成就，又被国际公认为"东方第一几何学家"。著有论文150余篇。撰有《微分几何学》、《射影曲线概论》等专著10部。研

究成果"船体放样项目"、"曲面法船体线形生产程序"分别荣获全国科学大会奖和国家科技进步二等奖。他对"K展空间"几何学和射影曲线的研究，荣获1956年国家自然科学奖。他的不少成果已被许多国家的数学家大量引用或作为重要的内容被写进他们的专著。

苏步青不仅为后人留下了一笔巨大的财富和光辉的思想，而且热爱教育，登台授课60年如一日，培养了一大批数学英才。他以严谨的治学态度影响着他的学生，宽厚仁慈的胸怀包容着他的学生，苦心孤诣的钻研精神激励着他的学生。他归纳出三条培养优秀学生的做法，一是鼓励他们尽快赶上自己，二是不挡住他们的成才之路，三是在背后赶他们，推他们一把。当时在中科院形成了"苏步青效应"，组建了一级级坚定的人才梯队向着数学王国进军。

苏步青是我国教育界的泰斗，不愧为一代数学宗师。为了纪念苏步青在数学领域和教育领域取得的巨大成就，由复旦大学等单位发起，教育部批准设立了"苏步青数学教育奖"。

微分几何之父陈省身

陈省身（1911—2004），汉族，

浙江人，国际数学大师、著名教育家、中国科学院外籍院士，"走进美妙的数学花园"创始人，20世纪世界级的几何学家。少年时代即显露数学才华，在其数学生涯中，几经抉择，努力攀登，终成辉煌。

陈省身在整体微分几何上的卓越贡献，影响了整个数学的发展，被杨振宁誉为继欧几里得、高斯、黎曼之后又一里程碑式的人物。曾先后主持、创办了三大数学研究所，造就了一批世界知名的数学家。晚年情系故园，每年回天津南开大学数学研究所主持工作，培育新人，只为实现心中的一个梦想：使中国成为21世纪的数学大国。陈省身先后担任我国西南联大教授，美国普林斯顿高等研究所研究员，芝加哥大学终身教授等。他的数学工作范围极广，包括微分几何、拓扑学、微分方程、代数、几何、李群和几何学等多方面。他是创立现代微分几何学的大师。他首次将纤维丛概念应用于微分几何的研究，引进了后来通称的陈氏示性类。为大范围微分几何提供了不可缺少的工具。他引近的一些概念、方法和工具，已远远超过微分几何与拓扑学的范围，成为整个现代数学中的重要组成部分。中国数学会在1985年通过决议。设立陈省身数学奖。他是有史以来唯一获得数学界最高荣誉"沃尔夫奖"的华人，被称为"当代最伟大的数学家"，被国际数学界尊为"微分几何之父"。

6月2日，国际数学联盟宣布设立"陈省身奖"，纪念已故的"微分几何之父"、南开大学数学研究所创始人陈省身教授。这是国际数学联盟首次以华人数学家命名的数学大奖。"陈省身奖"旨在表彰成就卓越的数学家，得奖者除获奖章外，还将获得50万美元的奖金。该奖项每4年评选一次，每次获奖者1人。国际数学联盟目前颁发的菲尔兹奖和内伐里纳奖均是颁予40岁以下的学者，而"陈省身奖"将不限年龄。

数学机械化创始人吴文俊

吴文俊1919年生于上海，世界著名数学家，中国数学机械化研究的创始人之一，他在拓扑学、自动推理、机器证明、代数几何、中国数学史、对策论等研究领域均有杰出的贡献，在国内外享有盛誉。他在拓扑学的示性类、示嵌类的研究方面取得一系列重要成果，是拓扑学中的奠基性工作，并有许多重要应用。他的"吴方法"

在国际机器证明领域产生巨大的影响，有广泛重要的应用价值，当前国际流行的主要计算软件符号都应用了吴文俊教授的算法。

吴文俊在数学上作出了许多重大的贡献。拓扑学方面，在示性类、示嵌类等领域获得一系列成果，还得到了许多著名的公式，指出了这些理论和方法的广泛应用。他还在拓扑不变量、代数流形等问题上有创造性工作。1956年吴文俊因在拓扑学中的示性类和示嵌类方面的卓越成就获中国自然科学奖一等获。在数学机械化或机器证明方面，从初等几何着手，在计算机上证明了一类高难度的定理，同时也发现了一些新定理，进一步探讨了微分几何的定理证明。提出了利用机器证明与发现几何定理的新方法。这项工作为数学研究开辟了一个新的领域，将对数学的革命产生深远的影响。1978年获全国科学大会重大科技成果奖。中国数学史方面，吴文俊认为中国古代数学的特点是：从实际问题出发，经过分析提高，再抽象出一般的原理、原则和方法，最终达到解决一大类问题的目的。他对中国古代数学在数论、代数、几何等方面的成就也提出了精辟的见解。

吴文俊教授的数学研究活动，可分为前后两个时期，涉及好几个数学领域，在代数拓扑和机器证明两个领域有重大贡献，对数学研究影响深远。他提出的用计算机证明几何定理的方法，与常用的基于数理逻辑的方法根本不同，显现了无比的优越性，改变了国际上自动推理研究的面貌，被称为自动推论领域的先驱性工作，并因此获得自动推论杰出成就奖。

哥德巴赫猜想第一人陈景润

陈景润（1933—1996），汉族，福建福州人，中国著名数学家，厦门大学数学系毕业。1953~1954年在北京四中任教，因口齿不清，被拒绝上讲台授课，只可批改作业，后被"停职回乡养病"。调回厦门大学任资料员，同时研究数论。1956年调入中国科学院数学研究所。1980年当选中科院物理学数学部委员。

陈景润在福州英华中学读书时，有幸聆听了清华大学调来的一名很有学问的数学教师讲课。他给同学们讲了一道世界数学难题："大约在200年前，一位名叫哥德巴赫的德国数学家提出了'任何一个偶数均可表示两个素数之和'，简称1+1。他一生也没证明出来，便给俄国圣彼得堡的数学家欧拉写信，请他帮助证明这道难题。欧拉接到信后，就着手计算。他费尽了脑筋，直到离开人世，也没有证明出来。之后，哥德巴赫带着一生的遗憾也离开了人世，却留下了这道数学难题。200多年来，这个哥德巴赫猜想之谜吸引了众多的数学家，从而使它成为世界数学界一大悬案。"老师讲到这里还打了一个有趣的比喻，数学是自然科学皇后，"哥德巴赫猜想"则是皇后王冠上的明珠！这引人入胜的故事给陈景润留下了深刻的印象，"哥德巴赫猜想"像磁石一般吸引着陈景润。从此，陈景润开始了摘取数学皇冠上的明珠的艰辛历程。

陈景润主要研究解析数论，1966年发表《表达偶数为一个素数及一个不超过两个素数的乘积之和》（简称"1+2"），成为哥德巴赫猜想研究上的里程碑。而他所发表的成果也被称之为陈氏定理。他研究哥德巴赫猜想和其他数论问题的成就，至今仍然在世界上遥遥领先，被称为哥德巴赫猜想第一人。世界级的数学大师、美国学者安德烈·韦伊曾这样称赞他："陈景润的每一项工作，都好像是在喜马拉雅山山巅上行走。"陈景润在解析数论的研究领域取得多项重大成果，著有《数学趣味谈》、《组合数学》等。

陈景润也是华罗庚数学奖得主。他是中国科学院数学研究所的研究员。曾任研究室主任、所长、数学术委员会主任、中国数学会理事长、《数学学报》主编，联邦德国《分析》杂志编辑，新加坡世界科学出版社顾问等。1980年当选为中国科学院院士（当时称学部委员），解析数论是他的主要研究领域。

📖 著名数学家王元

王元教授于1930年生于浙江兰溪一个知识分子的家庭，很早就受到启蒙教育。不是特别聪明，更不是神童，但是同大多数有成就的人一样是通过苦学才获得成功的。王元的小学、初中时代，是在战乱与艰难中度过的。

1948年，王元高中毕业考入浙江英士大学数学系。浙大是我国老一辈数学家陈建功、苏步青多年执教的地方，数学教育卓有传统。两位教授自20世纪30年代起就坚持办高年级学生读书讨论班，对于培养学生独立科学研究的能力极有帮助。浙大的教学环境激发了王元对数学真正的兴趣。大学四年级时他在读书讨论班上报告了英哈姆的《素数分布论》。1952年，王元从浙江大学毕业，因成绩名列前茅，被推荐到中国科学院数学研究所，一年后又被分配到该所数论组师从华罗庚先生。从此，他与华先生结下了不解之缘，风风雨雨30多年，他自己也成长为一代著名数学家。五十年代至六十年代初，他首先将解析数论中的筛法用于哥德巴赫猜想的研究，并证明了命题3+4，1957年又证明了2+3。王元证明的2+3表示的是：每个充分大的偶数都可以表示成至多两个质数的乘积再加上至多3个质数的乘积。其缺点在于两个相加的数中，还没有一个肯定为质数的，这个"2"与"3"都是指"殆素数"意思是很像素数。这是中国学者首次在这一研究领域跃居世界领先的地位。其成果为国内外有关文献频繁引用。此时的王元只有27岁。其后，他与华罗庚合作致力于数论在近似分析中的应用，他们于1973年证明的定理，受到国际学术界推崇，被称为华——王方法。20世纪70年代后期又对这方面的成果做了系统总结，产生了广泛的国际影响。

《王元论哥德巴赫猜想》是王元院士多年来在国内外各种刊物上发表的部分论述性文章的汇集。在数学史上，著名的猜想占有重要地位，这不仅是因为它们的难度使它们具有诱人的魅力，而且更由于在问题解决过程中产生的新概念与新方法对于整个数学进步的推动。

著名数学家潘承洞

潘承洞（1934—1997），中国著名数学家。少年时代的潘承洞聪明好动，喜爱棋、牌、足球、乒乓球、台球等。念高中时即表现出善于发现问题、进行独立思考的数学才能。

1952年考入北京大学数学力学系，1956年毕业，工作半年后考取本系著名数学家闵嗣鹤教授的研究生。1961年毕业分配至山东大学数学系任教，历任助教、讲师、教授，数学系主任，数学研究所所长等职。学术造诣深厚，长于解析数论的研究，尤以对哥德巴赫猜想的卓越研究成就为中外数学家所赞誉，与当代著名数学家华罗庚、王元、陈景润一起被国际数学界称之为中国数论派的代表。1956~1960年，主要从事L-函数零点的分布研究，首先得出关于算术级数中最小素数的上界定量估计，曾被广泛引用并作为一个定理。1961~1965年，主要从事被誉为数学王冠上的明珠的哥德巴赫猜想的研究。1961年证明了（1+5），发表论文《表大偶数为素数及一个素数因子不超过5个的数之和》；1963年又证明了（1+4），发表论文《表大偶数为素数与一个不超过4个素数乘积之和》。这些成果使中国在哥德巴赫猜想的研究中处于世界领先地位，被国际数学界公认为实现了哥德巴赫猜想研究的关键性突破。自20世纪70年代起，主要研究与哥德巴赫猜想有密切关系的均值问题，将自己所建立的均值估计应用于哥德巴赫猜想研究，取得一系列突破性进展，与王元等人合作，首先给出了"陈（景润）氏定理（1+2）"的简化证明，发表论文《（1+2）的简化证明》，为国际上5个简化证明中最好的一个；与陈景润合作发表论文《哥德巴赫数的例外集合》；1979年发表论文《一个新的均值定理及其应用》。1982年又发表《研究哥德巴赫猜想的一个新尝试》一文，提出了研究哥德巴赫猜想的不同于经典"圆法"的新途径，其误差项既简单又明确，受到国际数学界的极大关注。

1981年与其胞弟潘承彪合作编著的《哥德巴赫猜想》一书，为世界上第一本全面系统地论述哥德巴赫猜想研究工作的专著。

著名数学家杨乐

杨乐，著名基础数学家。江苏南通人，1939年11月10日生。现任中国数学会理事长、中国科学院院士、数学研究所研究员、博士生导师。由于在函数模分布论、辐角分布论、正规族等方面的研究成果突出获得华罗庚数学奖。

杨乐1956年起就读于北京大学数学力学系，1962年毕业后，考入中国科学院数学研究所做研究生，1966年毕业即从事数学研究工作。其间，1977年任副研究员，1979年任研究员，1982年任数学研究所副所长，1987年起任数学研究所所长。先后当选为第六、七、八届全国政协委员，第五、六届全国青年联合会副主席，中国科协全国委员会第三届委员、第四届常委，中国数学会常务理事、秘书长、理事长；先后担任第三届国务院学位委员会委员；第一、二、三届国务院学位委员会数学评议组成员，中国科学院基金委员会委员，第三、四届全国自然科学奖励委员会委员，《数学学报》主编，《中国科学》、《科学通报》编委等职。

1980年11月当选为中国科学院数学物理学部委员。

杨乐主要研究函数论中的整函数、亚纯函数的值分布理论。他与张广厚合作，在解析函数的研究中取得了许多创造性的成果。他们在1965~1977年间，共同发表了8篇这方面的重要论文。1982年他单独发表了《值分布理论及其新研究》一书。他与张广厚所发现的函数值分布论方面的"亏值"与"奇异方向"之间的联系，彻底解决了这个古老的数学分支中长期未决的奇异方向分布问题，他们对函数亏值的估计也被认为是普遍而准确的结果，国际数学界把他们的这些成果称之为"杨——张定理"和"杨——张不等式"。

著名数学家冯康

数学家冯康（1920—1993），中国现代计算数学研究的开拓者。在基础数学研究中，对拓扑群结构、广义函数理论等作出贡献。在应用数学与计算数学方面，指导解决了国民经济与国防建设中的多项难题。独立于西方创造了解决椭圆形微分方程的现代系统化的计算方法——变分差分方法，中国计算数学和科学工程计算学科的奠基者和学术带头人。

冯康在成功地创始了有限元方法后，提出了哈密尔顿系统的辛几何算法，又开辟了一个有广阔应用前景的全新的研究领域。在1991年中国物理学会年会的邀请报告中，冯康提出了这样一些关于动力系统的科学问题：在遥远的未来，太阳系呈现什么景象？行星将在什么轨道上运行？地球会与其他星球相撞吗？也许有人认为，只要利用牛顿定律，按照现有的计算方法编个程序，再应用超级计算机进行计算，经过充分长的时间，总能得到结果。但这样的计算结果可以相信吗？实际上，对这样复杂的计算，计算机或者根本得不出结果，或者得出一个完全错误的结果。即使每一步计算的误差非常小，但误差积累起来会使结果面目全非！这是计算方法问题，机器性能再好也无济于事，编程技巧再高也是无能为力的。动力系统问题不同于椭圆边值问题，有限元方法已不能很好解决此类问题。冯康在创始有限元方法的过程中已体会到，同一物理过程的各种等价的数学表述可能导致不等效的计算方法。有限元对椭圆边值问题的成功是因为选择了适当的力学体系和数学形式。

冯康发现，唯有哈密尔顿力学体系才是可供选择的研究动态问题的最适当的力学体系。由于辛几何是哈密尔顿系统的数学基础，冯康以他特有的数学直觉抓住了设计哈密尔顿系统数值方法的突破口——辛几何方法。他组织研究队伍对哈密尔顿系统的辛几何算法进行系统的理论研究和广泛的数值实验，经过十余年坚持不懈的努力，终于取得了极其丰硕的成果。

著名数学家丘成桐

丘成桐1949年出生于广东，在香港长大。在他14岁那年，父亲突然辞世，一家人顿时失去经济来源。丘成桐不得不一边打工一边学习，最终以优异成绩考入香港中文大学数学系。

数学是奇妙的，也是深涩的。即使是立志在数学领域建功立业的年轻学生，能坚持到最后并出成果的，也是寥若晨星。丘成桐正可谓这样一颗"晨星"。常常有这样的情景——偌大的教室中，听课的学生越来越少，最后竟然只剩下教授一人面对讲台下唯一的学生悉心教诲。这唯一的学生就是丘成桐。到伯克利分校学习一年后，丘成桐便完成了他的博士论文，文中巧妙地解决了当时十分著名的"沃尔夫猜测"。他对这个问题的巧妙解决，使当时世界数学界意识到一个数学新星的出现。丘成桐取得博士学位后，在应邀前往普林斯顿高等研究院访问的一年中，他结识了许多年轻的世界一流数学家，完成了两篇论文。1972年秋，年仅23岁的丘成桐应邀来到纽约大学石溪分校担任副教授，又完成了几篇论文。在1973年美国数学会举行的微分几何大会上，丘成桐做了三个学术报告，以卓越的能力和杰出的贡献，向数学界显示了自己在微分几何领域的领先水平。这一年是丘成桐数学事业上十分重要的一年，他完成了题为《完备黎曼流形上调和函数》的著名论文，用他自己的话说，这篇文章是他数学生涯的转折点。实际上，该文奠定了他应用分析方法的基本思想和技巧。

丘成桐最重要、最有影响的工作是对"卡拉比猜想"的证明。他是在1976年底用强有力的偏微分方程估计解决了这一问题的。1978年，他应邀在芬兰举行的世界数学大会上做题为《微分几何中偏微分方程作用》的学术报告。这一报告代表了80年代前后微分几何的研究方向、方法及其主流。这之后，他又解决了"正质量猜测"等一系列数学领域难题。

版权声明

为提高图书质量，文中引用了部分篇章资料，由于时间、地域和版面原因，无法一一注明出处，为了尊重作者的著作权，北京北斗儒林文化发展有限公司向权利人支付稿酬。请您与北京北斗儒林文化发展有限公司联系。

联系人：贺晨光
地　址：北京市朝阳区管庄路万象天际204号楼
邮　编：100024
电　话：010-65436894
传　真：010-65436874